LUCIEN DARVILLE

LE ROMAN DE LA SCIENCE

HOMMES ET SINGES

Etude Historique, Géologique et Archéologique

AVEC DE NOMBREUSES FIGURES

PARIS

NOUVELLE LIBRAIRIE PARISIENNE

ALBERT SAVINE, ÉDITEUR

12, Rue des Pyramides, 12

LE ROMAN DE LA SCIENCE

DU MÊME AUTEUR

Alsace et Bretagne, 1 volume in-12.
Les Agents des ténèbres, 1 volume in-12.
Le Juge Babylas, 1 volume in-12.
La Grande Victime, 1 volume in-12.
La Vengeance du Prêtre, 1 volume in-12.
Les Filets du Diable, 1 volume in-12.
La Famille Monval, 1 volume in-12.
La Belle Olonnaise, 1 volume in-8.
Les Trois Loups de Mer, 1 volume in-8.
Trop savante, 1 volume in-8.
Epreuves d'une Mondaine, 1 volume.

SOUS PRESSE :

Trop Fin de Siècle, 1 volume.
Dénaturée, 1 volume.
Le Fils du Sénateur, 1 volume.

IMP. CH. LÉPICE, 10, RUE DES CÔTES, MAISONS-LAFFITTE.

Lucien DARVILLE

LE

ROMAN DE LA SCIENCE

HOMMES ET SINGES

Etude Historique, Géologique et Archéologique

AVEC DE NOMBREUSES FIGURES

PARIS
NOUVELLE LIBRAIRIE PARISIENNE
ALBERT SAVINE, ÉDITEUR
12, RUE DES PYRAMIDES, 12

1893

INTRODUCTION

On s'étonne des attaques multiples dirigées contre le Christianisme; pourtant cet état de contradictions et de luttes incessantes est conforme à ce qui avait été annoncé lors de son apparition dans le monde (1).

Il ne saurait, d'ailleurs, en être autrement, l'inflexibilité de la morale et de la dogmatique chrétiennes constituant une règle, c'est-à-dire un joug contre lequel tout être vivant est naturellement disposé à regimber.

Violences, trahisons, ruses, mensonges, rien n'a donc été épargné pour anéantir, ou du moins pour amoindrir l'influence bienfaisante

1. *Ecce positus est hic in signum cui contradicetur* (Saint Luc, II, 34).

et moralisatrice du Christianisme. Il faudrait de gros volumes pour énumérer toutes les entreprises tentées dans ce but.

Sans remonter jusqu'à la nuit des temps, nous nous proposons d'examiner les sophismes et les erreurs les plus répandus de nos jours.

Outre les sectaires qui font au Christianisme une opposition systématique, certaines écoles de pseudo-savants prétendent expliquer scientifiquement et mécaniquement, pour ainsi dire, l'histoire de l'homme et celle de l'univers entier.

Les uns et les autres affirment :

1° *Que l'existence de la terre remonte à des centaines de mille et même des millions d'années ;*

2° *Que l'homme n'est point une créature de Dieu, mais qu'il se serait en quelque sorte fait lui-même peu à peu ce qu'il est, il y a cinquante ou cent mille ans, après avoir eu des singes pour ancêtres ;*

3° *Que, par une loi dite de la sélection naturelle, l'humanité se transforme successivement et progressivement et, grâce aux découverte de la science, s'achemine sans cesse vers la perfection.*

Ces théories soi-disant scientifiques ne résistent pas à la plus simple analyse, et c'est afin de le démontrer que nous avons entrepris cette étude.

Dieu veuille que nous ne soyons pas resté trop au-dessous de notre tâche !

LE ROMAN DE LA SCIENCE

PREMIÈRE PARTIE

CHAPITRE PREMIER

Le Darwinisme

Exposé du système. — La sélection naturelle. — Où parviendra l'homme? — Le gorille et l'anthropoïde. — La division des races. — Les cinq types générateurs. — Qui est le numéro un? — Savants, métaphysiciens ou positivistes? — Une morale commode. — Théories absurdes. — Les épouses du gorille et de l'anthropoïde. — Les espèces ne se transforment pas. — Les avantages de l'évolution progressive. — On ne peut vaincre la mort. — La sybille de Cumes.

Parmi les divers systèmes d'histoire naturelle générale imaginés dans notre siècle, il n'en est pas qui ait fait plus de bruit et mérite plus de fixer l'attention que celui de Darwin.

Suivant Darwin, les êtres, individus, familles et espèces subissent, de par une loi qu'il a nommée la sélection naturelle, une évolution constante vers le mieux ou vers le moins bien.

L'humanité serait évidemment sujette à cette même loi, de telle sorte que toute société ne progressant pas ou ne progressant plus se trouve supplantée par une meilleure, ce qui est conforme, d'ailleurs, à l'histoire des peuples.

Avant de poursuivre, nous ferons remarquer à M. Darwin que tout progrès a une limite, et nous lui demanderons qui est-ce qui a établi cette loi universelle à laquelle il entend soumettre tous les êtres de la création ?

Reprenons l'exposé du système :

« La loi du progrès révèle à l'homme des horizons infinis et un avenir de perfectionnement sans terme. Peu à peu, l'homme s'est fait le roi de la nature en s'imposant à tout ce qui existe, même aux éléments, et maintenant nul ne saurait dire jusqu'où il ira, pas plus qu'on n'aurait pu prévoir, aux temps barbares du moyen âge, les merveilleux résultats du progrès de nos jours. »

Puisqu'il nous est impossible de marquer les futures étapes de l'humanité sur la grand'route du progrès, sachons borner nos aspirations et étudions avec M. Emile Ferrière, disciple et commentateur de Darwin, le chemin qu'aurait parcouru l'homme depuis son origine.

« L'homme, dit Ferrière, n'est pas le fils, mais le frère d'un singe, d'un gorille ! ! ! » — la plus laide bête qui soit au monde, pour le souligner en passant.

Il y eut autrefois — mettons un million d'années pour fixer une date — une bête de nom et de forme inconnus qui eut deux fils, lesquels, conformément à la loi d'évolution, étaient mieux constitués que leur mère. L'un, moins heureusement doué, devint le père de la race gorille. L'autre, plus avantageusement conditionné, fut un anthropoïde, c'est-à-dire l'aïeul d'une race qui devait s'élever graduellement jusqu'à l'humanité. Le progrès résulterait d'abord de l'amélioration successive de la constitution physique, ensuite du temps et enfin du privilège de la domination universelle.

Admirez ce que, d'après ce système, l'anthropoïde devenu homme a fait lui-même des végétaux et des animaux qu'il s'est assujettis.

Quelles transformations ! quelles améliorations ! Le sanglier est devenu le porc Durham ; le bison, un bœuf cotentinais ; le cheval sauvage, un pur-sang anglais. Combien un seul couple de chaque espèce n'a-t-il pas produit de races différentes de chiens, de moutons, de poulets, de pigeons, etc. ? Et dans les végétaux, combien d'espèces de choux, de laitues, de roses, etc., issues chacune d'une seule graine ?

C'est par cette même loi de la sélection que l'humanité, sortie d'un couple plus qu'imparfait, s'est perfectionnée sans cesse en se divisant en plusieurs races distinctes, telles que la blanche, la noire, la jaune, le métis, etc.

Sir Darwin nous expose tout cela très sérieusement.

Il nous affirme, en outre, que quatre ou cinq types seulement d'êtres vivants ont été les générateurs de toutes les espèces.

Ainsi, les espèces homme, chien, loup, porc, souris, éléphant, lièvre, brebis, âne, etc., seraient probablement issues d'un même aïeul. Les espèces asperge, froment, cèdre, laitue, champignon, vigne, mousseron, catalpa, bruyère, etc., auraient pour origine la même graine.

Mais, dira-t-on, d'où sortaient ces quatre ou cinq types d'êtres organisés producteurs de tout ce qui vit?

Ne posez pas cette question indiscrète : le un est introuvable.

Ecoutons à ce sujet M. Ferrière :

« Le numéro *un* échappe aux creusets, au microscope, à tous les instruments d'analyse et de synthèse. Or, ce qui n'est pas vérifiable par l'expérience n'est plus du domaine de la science. Libre au savant d'expliquer le *un* par telle hypothèse qu'il croira conforme aux faits établis ; mais à l'instant même qu'il induit cette hypothèse, il a cessé d'être savant pour devenir métaphysicien (1). »

1. *Le Darwinisme*, page 129.

Cet introuvable *un*, ne serait-ce pas Dieu?

Quel malheur affreux pour nos savants!

On guérit de tous les maux. Qui donc les délivrera de Dieu et de ce Christianisme qui se retrouverait en perspective?

M. Ferrière prononce avec respect le mot Créateur et se moque à juste titre des générations spontanées, mais il ne dépassera pas le chiffre cinq dans les types ordinaires des êtres. Ne le forcez pas à aller jusqu'à un.

Cela équivaut à dire : Regardez couler la rivière, mais ne vous informez pas d'où elle vient. Vous cherchez les sources du Nil; donc, vous n'êtes plus des savants, mais bien des métaphysiciens. Arrière la métaphysique! Vive le positivisme!

On se demande, par exemple, dans quelle catégorie d'individus ranger ceux qui recherchent les origines de l'humanité jusque parmi les singes; ceux qui, pour trouver une nouvelle explication à ce qui existe, entassent suppositions sur suppositions, siècles sur siècles, hypothèses sur hypothèses, erreurs démontrables sur erreurs démontrées.

Est-ce parmi les positivistes?

Ce n'est toujours pas parmi les métaphysiciens, et encore moins parmi les savants.

Il est vrai que le Darwinisme offre d'immenses latitudes.

En écartant la Bible et l'Evangile, il débarrasse immédiatement l'humanité des obligations de la morale, et alors les mots Bien et Mal, Vices et Vertus, Devoirs et Crimes, Ciel et Enfer, n'ont plus de signification.

Si, en effet, l'homme n'est qu'une bête parmi les autres bêtes, et voire même la première de toutes les bêtes, il n'a, comme ses congénères, aucun devoir à remplir, ni aucune sanction à craindre pour ses actes mauvais.

Le mari devient le mâle, la femme une femelle et les enfants deviennent des petits.

Les lois ne sont plus que des réglements de police en faveur de l'ordre, et encore il ne s'agit que de s'y soustraire adroitement quand elles paraissent gênantes.

Prendre ne serait plus voler; tuer ne serait plus assassiner.

La tromperie passerait pour de l'adresse.

Mourir serait simplement rentrer dans le néant.

Aussi ne faut-il pas que le *Un* vienne alors réclamer ses droits.

Ces Messieurs l'ont aboli ; cela se conçoit.

La théorie des cinq types générateurs imaginés par les Darwinistes peut-elle soutenir l'examen ?

Elle ne tend rien moins qu'à établir :

1° Que les mille espèces d'insectes existant sur le globe, depuis les infusoires jusqu'aux sauterelles et aux grillons, descendent d'un même insecte, d'une achée ou d'une abeille par exemple ;

2° Que les mille espèces de végétaux qui croissent sur la terre, depuis le champignon jusqu'au cèdre du Liban, ont pour origine le même végétal, par exemple un oignon ou une laitue ;

3° Que les mille espèces de poissons qui peuplent la mer, les fléuves et les lacs, depuis le goujon jusqu'à la baleine, ont pour souche unique le même poisson, peut-être une tanche ou une huître ;

4° Que les mille espèces de reptiles qu'on rencontre sur le globe, depuis le lézard jusqu'au crocodile et au boa, proviennent d'un même reptile, comme une salamandre ou un orvet ;

5° Que les mille espèces de volatiles, depuis le colibri jusqu'à l'aigle et au vautour, sont issues d'une seule espèce de volatile, par exemple des chauve-souris ou des buses.

Le simple exposé de semblables propositions n'en démontre-t-il pas l'absurdité?

Il est insensé d'englober dans un même faisceau, si l'on peut s'exprimer de la sorte, des choses si essentiellement disparates, telles que les apodes et les myriapodes, les quadrupèdes et les bipèdes.

Comment! l'agneau qui ne se nourrit que de l'herbe de la prairie, le loup qui ne peut vivre que de la chair et du sang de l'agneau, le tœnia qui ne s'engraisse à son tour que des intestins du loup, seraient des frères?

Comment! la peau d'un lion serait la transformation de la carapace d'un crabe?

Et dans le règne végétal le lichen et le gui qui vivent de la sève du pommier et, par conséquent, l'épuisent et le tuent; l'agaric qui vit aux dépens des racines du chêne, seraient les enfants d'une même fleur?

Comment! cette plante à la sève aqueuse à côté de ses voisines, à la sève laiteuse, à la sève saccharine, à la sève résineuse, qui toutes ne pourraient vivre si on voulait leur infuser la sève des unes aux autres, seraient issues de graines fécondées par le même pistil, et ayant mûri dans la même gousse?

Vous nous dites : Tout cela est possible.

Nous répondons : Cela est absurde, et en faisant cette réponse, nous avons pour nous le bon sens.

Pourquoi ne dites-vous pas aussi que la terre peut tourner de l'Orient à l'Occident? Cela est tout aussi possible que vos autres allégations, mais cela n'est pas.

Donc, la théorie des cinq types générateurs n'est qu'une plaisante extravagance.

Par exemple, on a négligé dans le système, de nous éclairer sur un point capital.

Les deux fils de la bête innommée, l'anthropoïde aussi bien que le gorille, ont dû nécessairement, pour faire race, avoir besoin de deux sœurs assorties.

Un peu de lumière sur ce détail n'aurait point été superflu.

Nous n'accusons pas ceux qui ont imaginé de semblables doctrines d'avoir de mauvaises mœurs.

Ils sont simplement inconséquents et hélas, l'inconséquence est une infirmité inhérente à la nature humaine.

Le Darwinisme pose comme un principe certain la modification continuelle des races assujetties à la domination de l'homme.

Qu'y a-t-il de fondé dans cette allégation?

Cette modification n'est en réalité qu'une amélioration relative, accidentelle, passagère, dont l'effet, sous un régime de liberté ou de libre expansion, s'annihilerait bientôt.

Que les plantes soient plus ou moins perfectionnées et améliorées, elles ne sortent pas pour cela de leur espèce originaire. Une laitue, fut-elle royale, appartient toujours à la famille des laitues. Le chêne, même implanté dans la plus belle avenue, ne fera jamais race nouvelle, et ne sera toujours qu'un chêne.

Si nous passons aux animaux, nous constaterons que le pigeon-paon n'est pas plus intelligent que le bizet, et que ni l'un ni l'autre de ces volatiles n'est aussi beau que le ramier dont ils descendent tous les deux. Vert-Vert ne sera jamais autre chose qu'un perroquet. On verra le plus joli King's Charles menacé de la rage tout comme le dogue du berger. Le serin ne sera jamais un rossignol et n'engendrera que des petits serins jusqu'à la consommation de sa race. Le Durham restera toujours, quoiqu'on en dise, un vulgaire animal.

Donc, si tout se modifie ou s'améliore dans une certaine mesure, rien, en réalité, ne change de nature.

L'évolution et le transformisme, c'est-à-dire la modification ou l'amélioration successive des espèces, peuvent compter, parmi les plus incroyables sottises qui aient été proposées à l'esprit humain.

Mais ces hypothèses absurdes, fussent-elles réalisables, quels avantages en retirerait l'espèce humaine?

L'homme n'a rien à envier à aucun être organisé. Au moyen du levier, il est plus fort que l'éléphant; avec un navire, il a plus d'agilité et de vigueur que la baleine. Armé d'un fusil, il ne craint ni le lion, ni le tigre. La longue-vue et le microscope le rendent plus clairvoyant que l'aigle et le roitelet. Avec une pièce d'étoffe de laine ou de soie, il peut se vêtir aussi chaudement que le mouton et plus luxueusement que le plus brillant insecte. Enfin, grâce au chemin de fer, il surpasse même la biche en agilité.

L'intelligence, qui est son apanage exclusif, lui permet de s'assimiler les divers attributs de chacun des animaux, et alors il peut posséder tous ces attributs.

Pourquoi l'homme évoluerait-il ?

Serait-ce pour devenir plus beau?

Mais si tous les hommes étaient taillés en Apollon du Belvédère, si toutes les femmes ressemblaient à la Vénus de Milo, il n'y aurait plus de beauté, puisqu'il n'y aurait plus de contraste.

Dans l'échelle ascendante des êtres, en effet, la beauté, la force, la richesse, la puissance ne peuvent se déterminer que par comparaison.

Quant aux êtres inférieurs à l'homme, leur évolution vers des conditions différentes ou meilleures produirait-elle des résultats généraux plus satisfaisants ?

Evidemment non.

Et d'abord est-il des formes et des conditions d'existence meilleures les unes que les autres ?

Qui donc, dans les êtres animés, réclame une condition différente de celle qui lui est faite ?

La taupe porte-t-elle envie au lion ? Le lion

ambitionne-t-il le sort du rat? Le colimaçon que j'écrase sous mon pied est-il plus à plaindre que le lièvre que je tue avec mon fusil?

Nous ne prétendons pas qu'il n'y ait point des espèces d'êtres supérieures les unes aux autres; mais, évidemment, chaque espèce forme un tout complet dans sa nature, et ne peut tendre à se changer en une autre espèce.

Cela, d'ailleurs, est fort heureux pour l'homme, car que deviendrait-il au milieu de ce roulement incessant du transformisme?

De quoi vivrait-il, si, un beau jour, ses poulets étaient métamorphosés en aiglons?

— Ah! oui, mais alors, répondra-t-on, ses serins se transformeraient en poulets.

— Le beau bénéfice pour lui et pour les serins!

Par la même loi, les chiens deviendraient des lions, les chats des tigres, les lézards des serpents à sonnettes.

— Alors, malheur à l'homme: comme il n'aura pas suivi la même progression, il se verra dépassé de beaucoup en force et en puissance par les êtres qui lui étaient jadis assujettis.

Si les moineaux, les fauvettes, les rossignols, les roitelets devenaient des pies, des merles, des corneilles, que resterait-il pour détruire les insectes qui dévorent nos graines et nos plantes?

Ah! laissez-nous le gentil chardonneret qui fait

son nid dans le cerisier chargé de fleurs et nous charme par ses joyeuses chansons. Le pauvre oiseau se trouverait bien malheureux s'il se voyait tout à coup transformé en pie.

On nous assure, il est vrai, qu'au moyen de ces évolutions successives et progressives, l'homme arrivera un jour à centupler ses forces, à écarter la douleur, voire même à vaincre la mort, ou tout au moins à la reculer jusqu'à des limites extrêmes.

Arrêtez!

La douleur, la mort, hélas, représentent les châtiments que l'homme a encourus, et il doi inéluctablement les subir.

Tous les efforts de la science ne prévaudront jamais contre la sentence divine (1).

La vie est-elle donc, d'ailleurs, un bien si enviable?

Se souvient-on de cette infortunée Sibylle de Cumes qui, ayant rendu quelques services à Apollon, implorait, en échange, la grâce de ne pas mourir? Elle fut exaucée, mais comme elle avait négligé de demander de ne pas vieillir, la vieillesse la réduisit à une maigreur si excessive

1. On a calculé que si tous les hommes qui ont passé sur le globe vivaient encore, il y en aurait une couche de cinq mètres d'épaisseur sur toute la surface habitable de la terre. Messieurs les Darwinistes, fort épris en général de la vie facile, ont-ils réfléchi à cela?

que les habitants de Cumes la suspendirent un jour à la voûte du temple d'Apollon, enfermée dans un globe d'airain. De là, on l'entendait répéter sans cesse : Apollon, Apollon, je voudrais mourir !

CHAPITRE II

Les simiens nos ancêtres

Suite de l'exposé du Darwinisme. — Races simiennes et races humaines. — Évolution des races. — Que n'avons-nous des ailes ! — Une bête ne devient pas un homme. — Équilibre entre la force et la faiblesse. — Hommes et cèdres. — L'état glaciaire, terme fatal de l'univers. — Squelette humain et squelette de gorille. — Autres différences. — Les gorilles d'Hannon. — Physiologie simienne. — Les trois règnes de la nature. — La souffrance et la mort.

Sir Darwin fonde sa théorie de la transformation des races, qu'il appelle théorie de l'évolution sur le concours de diverses circonstances plus ou moins favorables, telles que les lieux, les milieux, le climat, les aliments, les accidents de naissance qui deviennent des qualités héréditaires, les talents que développe la lutte pour la vie; enfin, et principalement sur la sélection.

D'après cette dernière loi de la sélection, les plantes les plus vivaces choisissent le terrain et le climat qui leur conviennent le mieux (1) ; les

1. On peut dire, en effet, que les plantes choisissent réelle-

animaux les plus forts et les plus intelligents recherchent l'habitation et la nourriture les plus conformes à leurs besoins et à leurs instincts.

Alors, la condition de tous s'améliorant progressivement aussi, végétaux et animaux arrivent peu à peu à l'entier perfectionnement de leur espèce.

L'amélioration une fois acquise, grâce au concours de ces diverses circonstances, loin de se perdre, prépare, au contraire, de nouvelles ascensions dans l'échelle de la vie.

C'est ainsi qu'avec le temps, des races d'origine simienne ont bien pu devenir des races humaines dans le cours d'un million de siècles.

Ce qui le prouve, toujours d'après sir Darwin, c'est que la constitution physique des membres de l'espèce humaine et des singes de la plus grande famille, les gorilles, est exactement la même.

Les différences entre les deux races ne sont que du moins au plus. Si l'intelligence est plus développée chez l'homme, c'est par suite de l'éducation. Si ses formes extérieures sont moins laides, il le doit surtout à l'usage du vêtement.

ment le sol qui leur est le plus favorable, puisque au moyen de leurs graines et de leurs racines, elles ont la faculté de se transporte d'un lieu à un autre.

Nul besoin d'entrer dans de plus longs développements. Ce résumé expose toute la doctrine de notre auteur, et ce que nous pourrions dire de plus ne ferait qu'affaiblir ses arguments.

Cette théorie de l'évolution des races si compliquée en apparence, n'en est pas moins très-superficielle.

Nous ne saurions trop le répéter, les espèces ne se transforment pas et gardent leurs attributs propres. Une laitue peut être aussi grosse qu'un chou, sans néanmoins devenir un chou. Un âne de Syrie peut être plus beau qu'un cheval de Barbarie sans perdre pour cela sa qualité d'âne. Un dindon est plus gros et plus gracieux de forme que l'aigle, mais celui-ci fondra sur lui et l'emportera dans son aire. La biche timide n'attaquera jamais l'hyène farouche.

Quelque favorables que soient les conditions où se trouve placé le roitelet, il ne deviendra jamais un faucon, pas plus que ce dernier transporté dans un moins bon milieu, ne se transformera en bécasse.

Les soins les plus assidus et les plus intelligents du berger ne sauraient arriver à dresser un chat pour garder un troupeau.

Il y a là une loi immuable que rien ne saurait faire fléchir.

Les modifications que l'homme impose aux

êtres inférieurs soumis à son autorité ne se maintiennent qu'autant qu'il le veut bien.

Mais son pouvoir s'arrête là, et physiquement du moins, il ne saurait se modifier lui-même.

Parfois, peut-être, il désirerait avoir une seconde paire d'yeux derrière la tête, et même des ailes aux épaules. Vœux inutiles: ce luxe ne lui sera jamais permis.

Entre nous, ne vaut-il pas mieux qu'il en soit ainsi? Si l'homme, en effet, avait la faculté même momentanée de se transformer en hirondelle, il en résulterait certains inconvénients. Pendant qu'un visiteur importun viendrait vous surprendre par la fenêtre lorsque vous êtes à table, un second larron pourrait s'introduire par une autre issue et vider vos tiroirs.

On raconte que le célèbre Boucher de Perthe, dans l'espoir de dépasser les chemins de fer en vitesse, aurait vivement désiré avoir une queue semblable à celle du kanguroo qui à l'aide de cet appendice, franchit vingt brasses d'un seul élan. Mais le seul désir ne suffisant pas pour faire pousser une queue, Boucher dut continuer à se contenter de ses jambes.

La diversité des conditions de la vie n'exerce point sur les êtres animés l'influence que lui attribuent les Darwinistes.

Ainsi, l'homme, placé dans les plus déplorables

conditions que l'on pourrait imaginer ne deviendrait jamais une bête.

Nos adversaires le savent. Par conséquent comment veulent-ils que les bêtes, même placées dans les conditions les plus favorables, puissent devenir des hommes?

Cette allégation est même anti-philosophique, car l'abondance et le, bien-être ne sont pas des conditions d'amélioration. Sauf l'augmentation de poids, les bœufs, les porcs, les oiseaux de basse-cour qu'on engraisse pour les manger, ne sont nullement, quant à leur espèce respective, en voie de perfectionnement.

Quant au prétendu privilége de la sélection, c'est une pure chimère.

Si les plantes les plus vigoureuses, si les animaux les plus forts et les plus industrieux pouvaient satisfaire tous leurs appétits, ils ne laisseraient rien subsister autour d'eux et détruiraient tout sans se perfectionner eux-mêmes le moins du monde.

Une admirable loi de la nature rétablit la balance entre la force et la faiblesse. L'humble lierre a des racines plus vivaces et se propage mieux que le chêne altier. Le cèdre orgueilleux est plus vite brisé par l'ouragan que le faible roseau.

Parmi les animaux, les races les plus avides

et les plus féroces sont moins fécondes que les races faibles et inoffensives; de sorte qu'entre tous ces êtres l'équilibre se maintient continuellement.

Examinons maintenant le système du progrès organique.

« La sélection, nous dit Ferrière (1) a pour résultat final que toute forme vivante doit devenir de plus en plus parfaite. Or, ce perfectionnement continuel des individus organisés doit inévitablement conduire au progrès général de l'organisme parmi la pluralité des être vivants. »

Partant de ce principe, la forme cèdre étant donnée comme la plus parfaite parmi les végétaux, et la forme humaine remportant le premier prix parmi les animaux, il s'ensuivrait que tout végétal, depuis l'humble brin d'herbe, tendrait à devenir cèdre; que tout animal, fût-ce même une souris, tendrait à devenir homme.

Quand on en serait rendu à ce dernier degré de perfectionnement, les hommes trouveraient sans doute difficilement leur nourriture dans cette immense forêt de cèdres (2).

1. Page 46.

2. Un bienveillant adversaire, grand admirateur de Darwin, nous a objecté à ce sujet que la déduction à l'absurde est exagérée, parce que l'homme, en supposant le progrès continu, pourrait se perfectionner de manière à se passer de nourri-

Le transformisme n'a pas songé à ce singulier problème.

Il est avéré que rien ne change. Le lotus actuel est-il différent de celui dont nous voyons l'image sur les monuments d'Assyrie, construits il y a quatre mille ans?

La déesse Pacht représentée à la même époque sur les monuments d'Egypte, sous la forme de chatte, nous prouve surabondamment que la race féline est aujourd'hui ce qu'elle était alors.

Les animaux et les hommes momifiés en Egypte, il y a cinq mille ans, ont la même constitution physique que ceux de notre temps.

En quoi sont-elles en progrès, les diverses espèces de plantes et d'animaux dont on retrouve les congénères à l'état de fossiles ensevelis depuis des milliers d'années, suivant les uns, des millions d'années, suivant les autres?

Il semble, au contraire, que ces végétaux et les êtres qui existaient à ces époques reculées, avaient, en général, plus de force et de vigueur que leurs descendants.

Cela est si vrai qu'une autre école de philosophie, née à la fin du dix-huitième siècle, pré-

ture animale et végétale. Il vivrait alors de corps simples, tels que l'oxygène, le carbone, l'azote, l'hydrogène, etc. — Mais alors à quoi servirait l'appareil gastrique. Ah! quel joli perfectionnement!

tendait que le monde était une production ignée qui allait se refroidissant constamment, et dans laquelle, par conséquent, toute énergie diminuait de jour en jour. Donc, on devait finalement et fatalement arriver à l'état glaciaire.

C'est sous l'empire de cette fiction, que, dans une de ses sublimes extravagances, le fameux lord Byron représente le dernier homme jetant, avec un rire hébété, une dernière pierre, dans un océan dont la surface, épaissie par la gelée, ne se ride plus.

N'est-ce pas aussi, afin de combattre les préoccupations excessives que ces doctrines causaient dans l'esprit public au commencement de ce dix-neuvième siècle, que le savant Arago jugea utile en 1834, de faire paraître, dans l'*Annuaire du Bureau des longitudes*, un travail démontrant, par des calculs et des faits, que depuis quatre mille ans le globe n'avait éprouvé aucun refroidissement ?

Non, nous ne saurions trop le redire, entre ces systèmes absurdes et contradictoires, d'un progrès incessant et continu ou d'une décadence sans limite aboutissant au zéro du thermomètre, la vérité est que rien ne change (1).

1. *Nihil sub sole novum... quod factum est ipsum permanet, quæ futura sunt, jam fuerunt et Deus instaurat quod abiit.* (Salomon. Eccles. I et III.)

— Mais, nous objectera-t-on, il y a des astres qui disparaissent, des nébuleuses qui se condensent...

— Sans doute, répondrons-nous ; il y a même des hommes qui naissent, des enfants et des vieillards qui meurent, des saisons qui se succèdent. Cependant tout se confond dans une loi immuable, et s'il était permis de rire sur un sujet aussi sérieux, nous dirions volontiers, avec le voyou parisien mécontent du nouveau gouvernement : Plus ça change, plus c'est la même chose.

Mais nous voici bien loin des simiens chers aux Darwinistes. Revenons-y donc.

Darwin, dans son exposé des rapports anatomiques entre les hommes et les singes, compare minutieusement les os, les nerfs et le cerveau de l'homme avec ceux du gorille, et il trouve qu'il n'existe entre eux qu'une différence à peine appréciable.

« Encore un petit effort, dit-il, et le gorille deviendra un homme. »

Est-il besoin de faire remarquer que tout ceci est du pur sophisme ?

Puisqu'on établissait les ressemblances, la bonne foi et la logique exigeaient que l'on mît en regard les points sur lesquels l'homme et le gorille pouvaient différer.

D'abord, la question ostéologique serait-elle la

seule à examiner, que la parité des squelettes ne prouverait encore rien.

Il y a de grandes analogies, par exemple, entre le squelette d'un loup et celui d'un chien de même taille. Cependant le loup n'est pas un chien.

D'après le naturaliste Gaudry lui-même, les squelettes de l'âne, du cheval, du zèbre, de l'hémione, se ressemblent tellement qu'on ne saurait distinguer ces divers animaux par les seuls caractères ostéologiques.

Peut-on mettre en parallèle l'homme avec les caractères physiologiques qui lui sont propres, et le gorille dont les facultés physiques sont entièrement différentes ?

La lente croissance, la longue enfance, les instincts peu développés, la faculté de parler, de rire et pleurer, la menstruation, une existence moyenne de soixante ans et une foule de maladies spéciales : voilà ce qui distingue la race humaine.

La nature et la disposition du poil, la longueur du corps qui n'excède pas un mètre, l'impossibilité de s'accoutumer à tous les climats et à tous les aliments, la durée normale de la vie qui ne dépasse pas trente ans : voilà ce qui distingue le gorille.

Le gorille est presque un quadrumane, c'est-à-dire, un animal à quatre mains, car ses pieds, tout en lui servant d'organes de locomotion, sont d'une préhension et d'un aplomb très-imparfaits. Ne pouvant s'appuyer sur les talons, il en est réduit à se balancer continuellement. Ses pieds, excellents quand il veut courir et grimper ne sauraient donner à son corps la force de la stabilité qu'au moyen d'une chaussure spéciale.

Les os et les muscles des pieds sont en même nombre chez le gorille et chez l'homme, mais leurs formes et leurs dimensions sont dissemblables.

Mêmes différences en ce qui concerne les mains avec lesquelles le gorille ne peut faire aucun travail délicat, ni supporter la moindre fatigue d'une besogne un peu rude.

D'un autre côté, si le gorille a le rein rigide, l'homme l'a flexible.

Chez l'homme, le fémur et le tibia sont prismatiques ; chez le gorille, ils sont en lame de sabre.

Quant aux organes internes, ils présentent, dans les deux races, des différences non moins considérables. L'homme a la glotte et l'épiglotte disposées de façon à pouvoir articuler des sons, et à en varier la tonalité.

Le gorille ne saurait ni parler, ni chanter.

Son cerveau contient une bien moins grande quantité de moelle cérébrale que celui de l'homme.

En outre, il n'y a que très peu de rapports entre les deux races dans la disposition des lobes, le nombre des sinuosités et des circonvolutions.

Il en est des petits du gorille comme de ceux du chat et du chien. Ils se suffisent à eux-mêmes dès que le lait de la mère vient à leur manquer.

Le gorille peut s'apprivoiser comme le chien ou le cheval, mais il lui manque, comme à ces animaux, le sens moral. La notion du bien et du mal, du juste et de l'injuste, lui est tout à fait étrangère.

Donc, suffisamment constitué pour un gorille, il doit être maintenu au rang des bêtes et ne saurait aspirer à la dignité d'homme.

Le gorille s'est il amélioré depuis les temps primitifs ?

Vous nous affirmez que l'homme acquiert et se perfectionne, et que l'humanité est en progrès. Mais, malgré toute la bonne volonté imaginable, vous ne sauriez en dire autant de la vilaine bête qui nous occupe.

Pour s'en convaincre, il suffit de lire le récit du général carthaginois Hannon, dans son *Périple.*

Au cours d'une expédition autour de l'Afrique, ce général, ayant rencontré une grande bande de gorilles, se figura être en présence d'une armée ennemie, et donna le signal du combat.

Mais les gorilles s'enfuirent à travers les rochers et les précipices, en lançant des pierres aux soldats qui n'en purent capturer que trois. Pour s'emparer de ces animaux qui se défendaient avec fureur, on fut obligé de les tuer; puis on les écorcha et leur peau se voyait encore à Carthage, dans le temple de Junon, lors de la prise de cette ville par les Romains (1).

L'homme est un animal raisonnable, a dit Aristote; une intelligence servie par des organes, disait de Bonald.

Volontiers la nouvelle école prétendrait que l'homme est un animal aspirant toujours à la perfection.

Mais aucune de ces trois définitions, on en conviendra, n'est applicable au gorille.

La raison, il ne l'a pas.

L'intelligence, il en est dépourvu.

Le progrès, il n'y tend pas.

Ce qu'il fut, il l'est encore, il le sera toujours.

Il n'a pas appris, il ne pouvait apprendre à se

1. *Erant autem multò plures viris mulieres, corporibus hirsutæ, quas interpretes nostri gorillas vocabant. Nos persiquendo virum capere ullum nequivimus; omnes enim per præcipitia, quæ facile scandebant, et lapides in nos conjiciebant, evaserunt. Fœminas tamen cepimus tres, quas cum mordendo et lacerando ab ducturis reniterentur occidimus, et pelles eis detractas in Carthiginem retulimus.* — *Hanonis Periplus*, p. 77. Traduct. à Van-Berkel.

préparer un abri contre les intempéries des saisons; à fabriquer un arc et des flèches pour la chasse; à cultiver les fruits, les légumes dont il fait sa nourriture; à se servir d'une pièce de monnaie; à articuler une syllabe; à tracer ou épeler un signe graphique quelconque.

Et si les aptitudes physiques établissent une si grande différence entre l'homme et lui, combien encore est plus considérable cette différence sous le rapport psychologique.

Rien de ce qui s'appelle raison, conscience, pudeur, moralité, sens du beau, du bien, du juste, du vrai, ne peut être appliqué au gorille.

En résumé, nous croyons l'avoir prouvé surabondamment, la théorie de l'évolution progressive émise par Darwin est, à quelque point de vue qu'on se place, absolument chimérique.

Dans le règne minéral, rien ne se crée, rien ne se transforme.

Les alchimistes ont travaillé durant quinze siècles pour arriver à faire de l'or avec du cuivre, de l'argent avec de l'étain. Leurs efforts ont été vains.

Nous ne nions nullement les découvertes merveilleuses dues à cette science certaine qu'on appelle la chimie, mais, loin de produire quelque chose, elle sert seulement à désagréger et à dissoudre les matières et corps soumis à son analyse.

En ce qui concerne le règne végétal, si l'horticulture obtient dans la même espèce diverses variétés de fruits ou de plantes plus ou moins utiles ou perfectionnées, elle ne change pas pour cela la nature propre à l'espèce. Ces variétés elles-mêmes ne se maintiennent dans leur état de progrès que grâce à des soins assidus, et elles dégénéreraient bientôt si on les abandonnait à elles-mêmes.

Même phénomène dans le règne animal. Les espèces soumises à la domesticité peuvent subir de nombreuses modifications de formes et d'aptitudes, mais leur nature ne change pas. On n'a jamais créé, on ne créera jamais de nouvelles espèces, et ces races même perfectionnées reviennent bientôt à leur état primitif lorsqu'elles recouvrent la liberté.

Et si nous nous bornons à l'espèce humaine, tout en reconnaissant, quand il y a lieu, les bienfaits de la civilisation et les progrès scientifiques, nous sommes obligés, tous tant que nous sommes, de nous incliner devant deux redoutables maîtres que ne peuvent dompter ni la civilisation, ni la science : nous avons nommé la souffrance et la mort.

CHAPITRE III

L'homme préhistorique

Fils de singe, frère de singe. — Quatre étapes. — Les émules de Jules Verne. — Pauvres charpentiers! — Les anthropoïdes de la forêt de Saint-Germain en l'an de grâce 1891. Haches de silex. — Les pierres magiques. — Antiques presse-papiers. — Bos-primigenius, rennes et mammouths. — Refroidissement et dépopulation des pays septentrionaux. — Les armateurs dieppois. — Savantes recherches et piètres résultats.

Darwin n'avait pas osé faire de l'homme le fils d'un singe.

Plus audacieux, ses disciples n'ont pas reculé devant cette extrémité.

En définitive, qu'importe à l'honneur de la race humaine que l'homme soit fils de singe ou frère de singe?

Mais ce dogme une fois posé, il fallait bien marquer les diverses étapes par lesquelles la race simienne a passé pour devenir ce qu'elle est aujourd'hui. Il s'agissait, en un mot, de reconstituer l'histoire de cette multitude de siècles qui n'ont pas d'histoire.

Ecoutons les élucubrations de ces profonds savants :

La première famille de singes en train d'évoluer vers l'humanité et ayant besoin d'outils et d'instruments divers, se servit naturellement du premier objet qui lui tomba sous la main, c'est-à-dire de la pierre.

C'est ce qui expliquerait la découverte de ces nombreuses pierres travaillées en grès ou en schiste, sortes d'ébauches dont les unes ont des rainures, d'autres sont percées, d'autres taillées en forme de percuteur.

A quel usage servaient ces instruments primitifs? Il est difficile, paraît-il, de s'en rendre compte.

Cette phase du travail de la pierre n'en constitue pas moins, suivant nos contradicteurs, une première époque d'une durée indéfinie, ou tout au moins inconnue.

Les descendants de cette première race simienne, un peu plus ingénieux sans doute, apprirent à polir des pierres plus dures en les frottant l'une contre l'autre. Ils en firent alors des haches qui leur servirent à travailler le bois, et ils se construisirent ensuite des abris, des meubles, des bateaux.

On a retrouvé une multitude de ces précieuses haches en pierre polie. Elles différaient des nôtres par la manière dont elles étaient emmanchées.

Et voilà la seconde époque préhistorique.

Plus tard, ou peut-être à peu près en même temps, on commença à se servir du silex. Dès que nos braves anthropoïdes eurent appris à le travailler, ils se firent des haches plus coupantes, des couteaux, des grattoirs, des racloirs, des pointes de flèche, des poignards, des javelots. Ils purent alors se livrer à l'exercice de la chasse, et partir en guerre contre leurs ennemis.

Cette troisième époque servit de transition à la quatrième et dernière de l'évolution simienne.

Les gorilles, se perfectionnant de plus en plus, découvrirent enfin le bronze, ainsi que l'art de le fondre. Ils se mirent à le travailler comme ils avaient fait pour la pierre, et fabriquèrent des outils métalliques, tels que couteaux, lances et ces jolies haches appelées celts dont la largeur varie de deux à six centimètres.

Un peu plus tard, on se servit de fer et dès lors, la transformation du singe se trouvait accomplie. L'humanité commençait.

Combien de temps s'écoula-t-il ensuite entre cette aurore d'une civilisation naissante et la vraie civilisation ?

Nos savants déclarent que cela peut se calculer par centaines de siècles.

A l'appui de cette allégation, ils font remarquer que, dans les sépultures de ces époques lointaines, on trouve des ébauches de sculpture exécutées sur des ossements du bos-primigenius, sur des défenses de mammouths, et sur des fragments de bois de renne.

Or, le bos-primigenius et le mammouth ont disparu de nos contrées à une époque préhistorique.

Quant au renne, qui ne peut vivre que dans les climats glacés de la Laponie et de la Norwège, on se demande combien il a fallu de siècles pour que la température de notre pays, où il vivait alors, s'élevât au degré actuel.

Peut-être trente mille ans ; peut-être trente fois cent mille ans.

Comment qualifier de semblables insanités ?

Comme écrivain d'imagination, Jules Verne a été, certes, autrement fort que ces gens-là dans son *Voyage au centre de la terre* et dans ses excursions en ballon et en boulet de canon pour aller voir les habitants de la lune...

Des particuliers bien à plaindre, par exemple, c'étaient les pauvres anthropoïdes des premières époques.

Les voyez-vous d'ici faisant œuvre de charpentiers avec des haches de pierre sans manches, avec des haches de silex plus cassantes que le verre, avec des haches de cuivre emmanchées verticalement et qu'on ne pouvait aiguiser?

Un comble, quoi!

Si, par un coup de baguette magique, ceux qui s'enorgueillissent aujourd'hui d'être les descendants des singes se trouvaient tout à coup transportés dans la forêt de Saint-Germain n'ayant pour tout vêtement que leur chevelure; si, même en admettant qu'ils y fussent à l'abri des loups, ours et autres bêtes sauvages, ils en étaient réduits à se nourrir de faînes de hêtre ou même de noisettes sans avoir seulement la consolation de fumer leur cigare; si, n'ayant pour logement que la voûte du ciel, ils se voyaient forcés, pour allumer du feu, de frotter des cailloux les uns contre les autres, quelles têtes feraient-ils?

Mais l'imagination, toute séduisante qu'elle soit parfois, ne saurait suppléer à l'expérience et encore moins à la science.

Nos savants modernes ne semblent pas se douter que les pierres à rainures, les pierres percées de un ou de deux trous, les percuteurs en pierre sont toujours en usage soit parmi les gens de la campagne, soit parmi nos pêcheurs. Inutile d'entrer dans de longs détails à ce sujet, car ils n'intéresseraient guère ceux qui n'ont vu les champs qu'en chemin de fer et la mer qu'en yacht de plaisance.

Du reste, pour mieux faire comprendre au lecteur la forme et la nature de ces outils prétendus primitifs, nous reproduisons ici un dessin représentant une hache de silex d'une longueur de douze centimètres recueillie en 1867 dans le cimetière gallo-romain d'Évrecy (Calvados) (1).

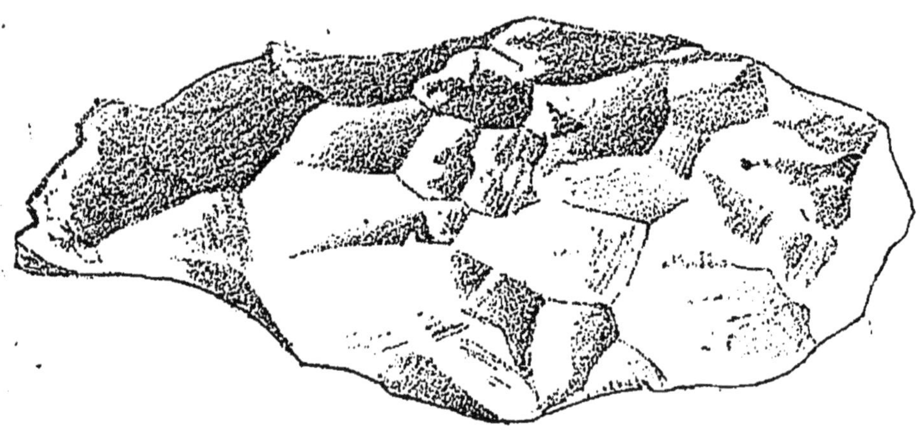

Cette hache a-t-elle cent mille ans ? Ce qu'il y a de certain, c'est qu'elle ne pourrait servir à abattre un chêne ni même à l'ébrancher et encore moins à le doler. Par exemple, à l'époque où les allumettes à friction n'étaient pas encore inventées, nous avons souvent vu employer des pierres semblables pour se procurer du feu à l'aide d'un briquet.

1. *Mémoire de la Société des Antiquaires de Normandie*, t. 26, p. 377.

Il est tout aussi facile de retrouver l'usage de la pierre polie, même à une époque récente. Il existe, par exemple, des pierres de cette espèce de la grosseur d'une pomme d'api qui sont percées au centre et quelquefois richement ciselées. Elles servaient à lester les fuseaux avant l'invention des rouets. On devait les connaître à la cour de la reine Berthe, mais nos savants ne s'arrêtent pas à de semblables bagatelles.

En dehors de ces usages vulgaires, les pierres ont quelquefois joué un rôle important dans certaines pratiques superstitieuses.

Ainsi, on suspendait des pierres percées au cou des chevaux pour les empêcher de hennir ou à la queue des ânes pour les empêcher de braire (1).

On portait aussi sur soi, dans des sachets, des pierres polies de formes diverses pour s'assurer de la fidélité d'un mari, ou pour gagner le cœur d'une belle, ou pour se guérir de la colique.

Cela devait être encore moins efficace que les sachets de camphre dont tant de gens se munissaient naguère pour se préserver du choléra.

Lors de l'apparition des Bohémiens en Europe, au quinzième siècle, ces nomades, en leur multiples qualités de saltimbanques, de sorciers, mé-

1. Thiers, *Traité des Superstitions*, ch. xxx, p. 327.

decins, diseurs de bonne aventure, etc., faisaient un grand commerce d'amulettes en pierre polie aux formes les plus variées. Ils les fabriquaient eux-mêmes et les travaillaient fort habilement (1).

Avant 1845, époque de l'invention des presse-papiers en cristal émaillé, les savants, les bureaucrates et gens d'affaires de toute sorte remplaçaient cet objet utile et encore inconnu par des cailloux polis et des galets parfois fort jolis et ayant des formes très curieuses.

Il n'en manque pas, d'ailleurs, sur toutes nos plages, et les amateurs peuvent facilement s'en procurer de belles collections; mais ce serait une profonde erreur que de les prendre pour des œuvres primitives.

Quittons les pierres pour le moment et parlons du bos-primigenius, du renne et du mammouth, qui, suivant nos prétendus savants, auraient disparu de nos contrées depuis trente mille ans.

Par malheur, il est avéré que le bos-primigenius des naturalistes existait encore dans les forêts de l'Allemagne, au neuvième siècle.

La législation de l'empereur Lothaire veillait si bien à la conservation de cette race d'animaux, qu'il était défendu d'en prendre ou d'en tuer un, sous peine de douze sous d'amende: *Si*

1. Grellmann, *Histoire des Bohémiens*, ch. VI.

quis bisontem, bubalum vel cervum qui prugit suraverit aut occiderit, XIIe solid, componat (1).

Au titre XXVII de la loi salique, article de la chasse, il est question de cerfs domestiques, dont quelques-uns auraient été dressés. On en parle également dans la loi des Ripuaires, titre XLIV, ainsi que dans la loi des Lombards : *Si quis cervum domesticum alienum intricaverit, qui non fugit, componat domino ejus solid VI. Nam si furatus fuerit, reddat in octogild* (2).

Ces diverses lois font une distinction entre cerfs noirs et cerfs rouges ; entre cerfs domestiques et cerfs sauvages.

Or, si le cerf de nos forêts, d'un gris roux, n'est pas susceptible de domestication, il n'en est pas de même du renne. Cet animal, d'un gris noir, s'apprivoise facilement et peut même se dresser pour la chasse.

En langue latine, le renne s'appelle *cervus tarendus* ; en langue grecque Ταρανδος. Au moyen âge, on le nommait randier ou rangier.

On retrouve le renne dans les armoiries de plusieurs familles nobles, sans doute parce que leurs ancêtres possédaient de ces animaux dans

1. *Lex Alleman*, tit. C, par. 1.
2. Tit CIV.

leurs forêts ou bien encore parce qu'ils avaient la garde des chasses du roi.

Nous ferons remarquer ici que les armoiries ne sont devenues héréditaires qu'au treizième siècle.

Donc, il n'y a pas longtemps que le renne a abandonné nos contrées pour aller vivre dans le nord de l'Europe. D'ailleurs, puisqu'il supporte facilement les chauds étés du nord, il devait endurer non moins aisément la douce température de nos climats moins rigoureux.

On s'explique très bien l'émigration du renne.

Quand le sol de la France était couvert de forêts et de terrains vains et vagues, les randiers pouvaient parfaitement y vivre. Aujourd'hui tout est changé, et le renne ne nous serait d'aucune utilité. Nous n'allons point en traîneau; la viande du renne n'a que peu de valeur et de saveur; nos vaches nous fournissent de meilleur lait que cet animal et l'herbe de nos prairies nous rapporte bien davantage lorsqu'elle sert à la nourriture de nos bœufs , moutons, chevaux, etc,

Le mammouth est une espèce d'éléphant laineux qui ne se rencontre plus qu'à l'état de congélation sous les neiges de la Norwège et de la Sibérie.

On découvre parfois quelques-uns de ces animaux quand le soleil d'été vient fondre les montagnes de neige et de glace sous lesquels ils sont ensevelis.

Le mammouth sert le plus généralement de pâture aux ours blancs. Souvent aussi, les matelots, se trouvant à la pêche dans ces parages, s'en font un aliment.

Nous devons en conclure que si sa chair est toujours bonne à manger, c'est qu'elle a été saisie vivante par la gelée, et cela à une date qui n'est pas très éloignée.

Un autre fait digne de remarque, c'est que la Norwège et le Danemarck se sont considérablement dépeuplés et ne pourraient plus fournir aujourd'hui ces innombrables hordes de pirates qui, sous le nom de Normands ou hommes du Nord, se précipitèrent sur l'Europe aux neuvième et dixième siècles.

A quoi attribuer cette dépopulation, si ce n'est à un phénomène très remarquable, et auquel cependant les savants n'ont prêté que peu d'attention : Nous voulons parler de l'abaissement de température résultant, pour ces contrées septentrionales, du redressement continu de l'axe du globe.

La meilleure preuve de cette assertion c'est que le Groenland, pays d'herbage ainsi que son nom l'indique, a été peuplé jusqu'au quinzième siècle.

Il résulte en effet, de documents historiques qu'en 1389, Henry, évêque de Garde (Groenland), assistait aux États Généraux de Danemarck, tenus à Nieubourg. Sous le rapport religieux, le Groenland dépendait de l'archevêché de Hambourg, et au point de vue civil, il faisait partie du Danemarck.

A partir de cette époque, on ne retrouve plus, pour ainsi dire, aucune trace de la population de ce pays dont, actuellement, le sol est congelé jusqu'à cinq mètres de profondeur, et qui est, par conséquent, inhabitable.

Le plus fort dégel ne fait qu'effleurer cette terre convertie en glaçons présentant la dureté du granit (1).

On ne peut même plus explorer la partie septentrionale du Groenland, où existait jadis une ville florissante, siège d'un évêché, et plus de cent bourgades.

Ce refroidissement, loin de se borner à un point isolé, s'est étendu peu à peu à toute la zone septentrionale.

Voilà pourquoi ces contrées, autrefois si peuplées, se trouvent aujourd'hui relativement désertes. — La Suède n'a que quatre millions

1. De Paw, *Recherches philosophiques sur les Américains*, t. I, p. 220.

d'habitants à peine pour une superficie de 440,000 kilomètres carrés ; le Danemarck en compte deux millions pour une superficie de 40,000 kilomètres carrés. Quant à la Russie, ses steppes immenses, surtout dans la partie nord, sont de véritables solitudes (1).

On comprend dès lors comment les mammouths, qui se rassemblaient en grands troupeaux pendant la belle saison et se dirigeaient vers le nord, ont péri dans les neiges perpétuelles de cette contrée désolée, où ils s'étaient laissés surprendre et bloquer par les glaces.

On sait qu'au moyen âge, l'ivoire était, pour ainsi dire, une marchandise vulgaire. Les marins normands en apportaient d'immenses cargaisons, sous forme de dents d'éléphant, sur tous les marchés européens.

On en faisait des meubles d'église, des ciboires, des chasses à reliques, des porte-voix de lutrin, des trompettes de guerre, des cors de chasse, ce qui avait donné naissance au dicton : sonner de l'oliphant, comme on dit maintenant : sonner de la trompette. Les châtelaines du temps soufflaient leur feu au moyen d'un instrument appelé oliphant.

Où donc les marins ou armateurs de Dieppe,

1. De Paw, p. 233.

et des ports normands se procuraient-ils ces quantité d'ivoire, sinon dans les pays septentrionaux qu'ils connaissaient bien (puisque leurs ancêtres venaient à peine de les quitter) et où ils savaient trouver d'immenses troupeaux de mammouths, ou variété d'éléphants, munis de la précieuse marchandise?

Mais cette explication est trop rationnelle pour nos néo-savants. Suivant eux, tout os de vache, tout morceau de corne de cerf, tout fragment d'ivoire rencontrés dans un lac, une tourbière, un tombeau ou une caverne, deviennent restes de bos-primigenius, bois de renne ou parcelles de mammouth préhistorique.

Il est vrai que cela leur permet de baptiser le mammouth du nom gracieux d'éléphas-primigenius.

Piètre résultat pour de si profondes recherches !

CHAPITRE IV

La litholatrie

Une trop longue histoire. — Les bétyles ou pierres divines. — Les couteaux de pierre. — Des haches peu tranchantes. — Modernes antiquités. — Prescriptions bibliques. — Pierres votives de la Scandinavie. — Thor et le marteau Miœlner. — La rotation de la hache. — Sentences ecclésiastiques. — Les pierres lumineuses. — Massues druidiques. — Les Einhériers. — Le ceinturon de Chilpéric. — La pierre est-elle antérieure au bronze et au fer ? — Diverses trouvailles. — Les haches des sauvages — Un nouveau moyen de combattre la nature. — Une absurdité géologique.

Il faudrait un gros volume pour écrire l'histoire de la litholatrie, mais il ne serait pas lu et n'offrirait, d'ailleurs, que fort peu d'intérêt. Aussi nous bornerons nous à certaines indications indispensables à la clarté de cette étude.

Dans l'antiquité, les pierres réputées divines portaient le nom de Bétyles (Βχιονλια), et se divisaient en trois classes :

1° Celles qui étaient consacrées aux dieux. On rangeait dans cette catégorie les pierres funéraires, les thermes ou limites de territoires, les mercures et les monuments votifs ou commémoratifs ;

2° Celles qui renfermaient en elles-mêmes une divinité ou une vertu divine, telles que le silex-pyromaque, les feld-spaths, parmi lesquelles on distinguait les pierres du soleil et de la lune, le petro-silex, ainsi nommé à cause de sa sonorité, l'axinite qui devient électrique par l'effet de la chaleur, etc. Ces dernières devaient être travaillées et réduites à une forme déterminée, mais toutefois sans le secours du fer ;

3° Les ceraunies (Κεραυνος) ou pierres de foudre qu'on croyait descendues du ciel. On attribuait à ces pierres un très grand pouvoir, et il en existe encore de célèbres. Les fragments en étaient précieux. On en fabriquait des préservatifs de toutes sortes, des pierres divinatoires, des pierres à fuseaux pour la paix des ménages, des couteaux, des colliers, des anneaux. Par exemple, on a pris souvent pour des ceraunies, des fragments de lave volcanique et même des obsidiennes.

L'histoire lapidaire, *(Historia lapidum et gemmarum)* d'Anselme de Boodt est peut-être l'ouvrage le plus complet qui ait été écrit sur ce sujet.

Cet auteur, qui vivait en 1654, nous apprend que dès cette époque, on rencontrait des collectionneurs de ces sortes de curiosités.

Mais il ne venait alors à la pensée de personne que ces objets avaient pu être fabriqués par des singes, ou du moins par des anthropoïdes.

L'Eglise a toujours combattu les vaines superstitions dont ces pierres étaient l'objet et a prononcé à ce sujet, dans ses conciles et synodes, de nombreuses condamnations. Qu'il nous suffise de rappeler une longue sentence de la Sorbonne, en date du 19 septembre 1398, et les statuts synodaux du diocèse de Saint-Malo (1).

Toutefois, il est un instrument qu'il faut distinguer des amulettes et autres pierres superstitieuses, c'est le couteau de pierre.

Les juifs s'en servaient et s'en servent encore partout, sauf en France, pour opérer la circoncision.

Les égyptiens l'employaient pour tailler les roseaux à écrire et suivant Hérodote (2) pour enlever la cervelle et les intestins des morts soumis à la momification.

Pline rapporte aussi (3) que les prêtres de la mère des dieux se servaient de ce couteau pour se mutiler.

Josèphe (4) nous apprend qu'on l'employait de

1. Thiers, *Traité des Superstitions, passim.*
2. Liv. II, chap. II.
3. Liv. XXXV, chap. XII.
4. *Antiq.*, liv. XIV, ch. VII.

son temps pour faire des incisions aux arbustes produisant le baume.

Donc, il ne faut pas remonter jusqu'aux anthropoïdes pour s'expliquer l'usage des couteaux de pierre.

Dans leur fertile imagination, nos modernes collectionneurs ne se gênent pas, du reste, pour ranger dans la catégorie des couteaux de pierre, de simples lamelles de silex, qui n'ont jamais été d'aucun usage et sont tout bonnement des éclats de pierre.

En l'absence de toute notion sur l'usage auquel elles étaient destinées, on a donné le nom de hache à des pierres polies de forme et de grandeur diverses.

Les unes sont plates et un peu allongées; d'autres légèrement renflées au milieu; d'autres encore ressemblent à un coin à fendre le bois, ou bien à un marteau un peu arrondi. Il en est aussi qui affectent la forme d'une gouge, mais elles sont très rares.

On en trouve de tranchantes d'un côté, tandis que d'autres le sont tout autour, si, toutefois, on peut qualifier ainsi le bord aminci d'un caillou de nature relativement tendre, comme, par exemple le grès gris, car on ne pourrait s'en servir pour couper le moindre objet.

Le silex ferait peut-être exception. Encore n'y

a-t-il que ses éclats qui soient véritablement coupants.

Personne ne saurait assigner un emploi rationnel à ces prétendues haches.

Il s'en rencontre dans tous les pays du monde et principalement dans les sépultures antiques.

La plupart sont des espèces de pierres dures remarquables surtout par la beauté de leur couleur, telles que l'obsidienne, le jade, le jadéite, la syénite, la sardoine, le diorite, l'ophite, le fribrolithe, la serpentine, la pierre ollaire, la basalte, la lave, le feld-spath.

Il en est de percées d'un trou fin à l'une des extrémités comme si elles avaient dû être adaptées en place d'ailes, aux épaules d'une Psyché. Peut-être, d'ailleurs, était-ce leur véritable destination, car elles ont la forme d'ailes de libellules.

Beaucoup de ces pierres, qui sont parfois fort artistement travaillées, ne remontent pas à une époque lointaine. On en trouve qui sont très tendres et ont conservé l'éclat de leur premier poli, assez comparable à celui d'une glace.

Il y a certainement en Europe, tant dans les collections publiques que dans celles des particuliers, plus de haches de pierre polie qu'il n'en faudrait pour construire la cathédrale de Saint-Pierre de Rome. Par exemple, dans le nombre, il en est beaucoup dont l'origine est plus que discutable, car il s'en fabrique tous les jours qui sont vendues aux amateurs, comme étant de vénérables antiquités égyptiennes, grecques ou assyriennes.

On sait d'ailleurs que les Bohémiens ont longtemps trafiqué de ces pierres qu'ils fabriquaient eux-mêmes très habilement.

De curieux échantillons nous sont venus d'Amérique, les uns en pierre polie, les autres à l'état d'ébauche. Ce sont des morceaux de pure agathe comme il ne s'en trouve pas en Europe, ou bien encore de gallinace ou de pierre des Incas. La gallinace ressemble à notre obsidienne, et la pierre des Incas est une pyrite blanche, luisante, arsenicale, qui n'existe pas sur notre continent.

Toutes ces pierres ont été recueillies dans d'anciens tombeaux du Pérou qu'on appelle gouaques. Celles qui ne sont qu'ébauchées et celles qui sont simplement usées par le frottement devaient servir d'ustensiles de ménage, ou d'armes de guerre et de chasse. On distingue notamment des pointes de lance, des casse-tête, des pierres de lacet qui ont la forme de noyau d'olive. La grosseur de ces objets varie à l'infini.

Voici, du reste trois specimens de ces haches en pierre polie, avec leurs dimensions.

Peut-on facilement discerner à quel usage on employait ces haches ou coins de pierre polie?

Il suffit de jeter les yeux sur une collection de ces objets, pour se convaincre immédiatement

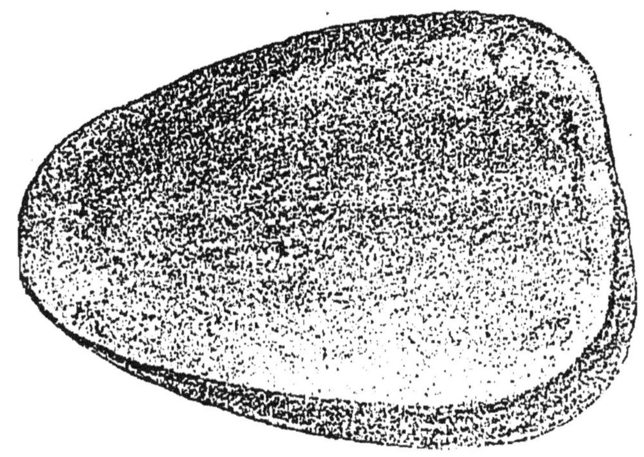

qu'ils n'ont jamais pu être utilisés comme instruments de travail.

Ainsi que nous l'avons expliqué, c'étaient des

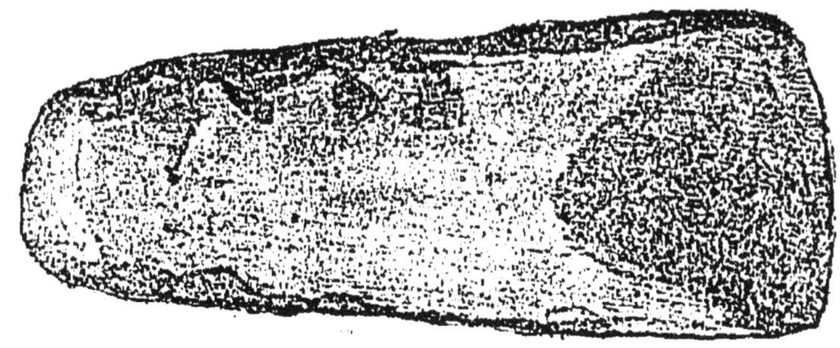

Bétyles, c'est-à-dire des pierres réputées saintes, des objets superstitieux.

Les superstitions se rattachant à la pierre polie remontent à la plus haute antiquité. On en trouve la preuve même dans l'Ecriture Sainte, où il est

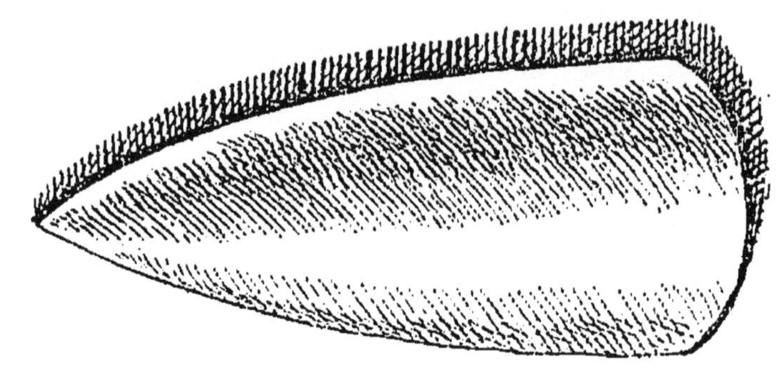

dit que l'Eternel ordonna itérativement à Moïse de n'employer à la confection de ses autels, que des pierres brutes. Cette recommandation se corrobore par le passage du livre de Josué où il est expliqué qu'après son entrée dans la Palestine, le successeur de Moïse éleva au Dieu vivant, sur le mont Hébal, un autel de pierres non polies. *Altare de lapidibus impolitis* (1).

Ces prescriptions avaient pour but de répudier une superstition ayant cours parmi les Phéniciens qui représentaient le dieu du jour sous la forme

1. *Vid. Josué*, VIII-XXXI.

d'une pierre noire, arrondie par un bout et taillée à l'autre extrémité en forme de coin (1).

C'est d'ailleurs par les Phéniciens que le culte des Cabires se répandit dans le reste de l'univers.

Mais outre cette induction peut-être un peu vague, on doit remarquer aussi que dans les contrées du nord de l'Europe, berceau du culte d'Odin, on trouvait, dans les lacs et les marécages, aussi bien que dans les rivières et dans l'Océan, une multitude de pierres votives en forme de haches, de coins et de marteaux. Ces pierres étaient consacrées à Aegyr, le dieu bienveillant des eaux, à Freya, sa fille, à Balder, le dieu du jour, à Thor, le dieu qui lance le tonnerre et qu'on représente armé du marteau Miœlner au moyen duquel il corrige les choses de ce monde.

On érigeait ces monuments votifs afin d'obtenir des divinités l'apaisement des tempêtes, l'éloignement des orages, un temps calme et propice, une navigation heureuse.

En Scandinavie, les époux se juraient fidélité en posant la main sur le marteau Miœlner. On conservait ce marteau dans toutes les familles.

Dans nos contrées mêmes, jusqu'au dix-septième siècle, les gens qui s'occupaient de sorcellerie

1. *Vid. Genial, dier.* lib. IV, cap. XII.

et de magie, se servaient de haches plates en pierre polie pour leurs manœuvres divinatoires.

Un de leurs procédés consistait à poser cette hache sur la surface d'une cuve remplie d'eau, et à lui imprimer, avant de la lâcher, un mouvement de rotation. Le nombre de tours qu'elle faisait sur elle-même, avant d'arriver au fond de la cuve, et la durée du temps écoulé pendant cette opération indiquaient, par exemple, combien de jours ou de mois une personne désignée avait encore à vivre. Mais pour que le charme réussit, il fallait que la pierre fût trempée dans du sang de bouc tout chaud, puis taillée avec un marteau et une pointe d'acier et ensuite polie comme le cristal le plus brillant (1).

Dans un sermon contre les magiciens, le cardinal de Cusa, évêque de Brixen et légat en Allemagne du pape Nicolas V, s'élève vivement contre ces pratiques. « Ce que l'on cherche, dit-il, dans le miroir d'Apollon, dans le manche et dans les pierres nettes, ainsi que dans l'ongle d'un enfant, est du domaine de la géomancie (2). »

Ces superstitions étaient connues d'ailleurs à une époque bien antérieure à celle où vivait le cardinal de Cusa, car au quatrième siècle, Jam-

1. *Bestiaire divin* de Guillaume, clerc de Normandie, XXXVII. (XIIIe siècle.)

2. Thiers, *Traité des Superstitions*, ch. I.

blique, dans son *Traité des mystères*, section 3, ch. XVII, parle de la divination au moyen de pierres petites ou grandes. Il ne donne pas, du reste, de longues explications à ce sujet, mais son savant scoliaste, Thomas Gale, qui vivait au dix-septième siècle, en mentionnant le même fait, n'est pas plus explicite.

Marbode, évêque de Rennes en 1096, dans son poème *de Gemmes* fait la description de quarante-neuf de ces pierres, et il en signale les vertus merveilleuses.

Quoiqu'il en soit, nous ne voyons pas sur quelle base nos modernes savants se sont appuyés pour affirmer que ces pierres diverses ont été fabriquées par les anthropoïdes.

Une semblable hypothèse est-elle plus admissible en ce qui concerne les pierres beaucoup plus nombreuses trouvées dans les sépultures antiques ? Nous n'hésitons pas à répondre négativement.

Il est facile, bien qu'on soutienne le contraire, d'expliquer la présence dans les sépulcres, de la pierre polie et du silex.

On sait, en effet, que certaines espèces de silex deviennent phosphorescentes par le frottement N'est-ce point précisément à cause de cette vertu qu'on en plaçait dans les tombeaux afin d'éclairer le mort pendant son voyage de la vie présente à la vie future ?

Une semblable pratique était tout à fait dans les mœurs des anciens.

Les fictions mythologiques, telles que l'obole payée à Caron pour traverser le fleuve des enfers, les délices dont jouissaient les ombres des humains qui avaient la chance d'atteindre l'Elysée et d'éviter les morsures du redoutable Cerbère, etc., etc., n'étaient pas plus extraordinaires.

Il est avéré que les Egyptiens, les Grecs et les Romains plaçaient des lampes dans les sépulcres.

On ne saurait d'ailleurs énumérer toutes les superstitions auxquelles donna lieu le dogme universellement reconnu de la vie future, lorsque le polythéïsme eut dévoyé les peuples de leurs traditions primordiales.

Pourquoi ne pas admettre par exemple, que les coins en pierre dure et polie trouvés dans les sépultures antiques étaient l'espèce de massue dont le druide se servait pour frapper au front la victime, à l'instant où le victimaire lui enfonçait le couteau dans la gorge ? Le nombre de ces coins pouvait être en rapport avec celui des victimes offertes en sacrifice.

Ces sortes de coins s'emmanchaient verticalement, et quelques-uns ont comme manches l'andouiller du bois de cerf. Peut-être y a-t-il encore là un symbole de quelque rite sacré relatif à l'espèce du sacrifice.

Les Einhériers, mortels déïfiés admis dans la Valhalla où ils habitaient le palais de Trudvang passaient leurs jours à combattre dans les plaines éthérées et le soir s'enivraient d'hydromel (1).

Il était donc tout naturel, lorsqu'ils passaient de vie à trépas, qu'on mit dans leurs tombeaux des armes et des coupes symboliques.

Le dieu Thor, que nous venons de voir armé du marteau Miœlner, avait d'autres attributs, car :

> Un ceinturon aussi du nom de Mégingard
> Ceint ses reins ; on le dit un chef-d'œuvre de l'art (2).

Ne serait-ce pas là l'explication du riche baudrier ou ceinturon trouvé dans le tombeau de Chilpéric ?

Toutes les explications données par nos prétendus savants, au sujet des divers objets recueillis dans les sépultures antiques, ne reposent sur aucune base sérieuse.

On ne s'explique pas davantage pourquoi ils ont attribué à la pierre le privilège de l'antériorité sur le bronze ou sur le fer. Dans ces sépultures, en effet, on rencontre quelquefois la pierre seule, mais on y trouve souvent le bronze ou le fer également seul, ce qui n'empêche pas d'y

1. Trad. de W.-E. Frye, *La Valhalla* ch. I.
2. W.-E. Frye, ch. II.

voir fréquemment réunies les trois sortes d'objets.

Même dans les lieux où il n'y eut jamais de sépulture, la charrue ramène parfois à la surface du sol quelques-unes de ces pierres polies, ainsi que des fragments de pierre tendre, telle que le granit et le grès, également taillés et polis.

Citons ici quelques-unes de ces découvertes :

1° Quatre ou cinq tombereaux de fragments de poterie gauloise trouvés à Port à l'Anglais, et à la gare d'Ivry, dans une petite formation lignifère récente, renfermant, avec des coquilles fluviatiles, des ossements de cheval, bœuf, cerf, sanglier, cochon, blaireau, oiseau, poisson, grenouille, et des haches celtiques en jade, grès et silex (1).

2° Trois hachettes dont une en silex de seize à dix-huit centimètres de longueur, coupant parfaitement, trouvées par M. Lepelletier, filateur, dans les Vaux-de-Vire, près Condé, en décembre 1880.

3° Une multitude de silex taillés avec fragments de haches en silex blanc poli, et divers morceaux de haches polis ou piques en granit, le tout mêlé à des fragments de tuiles et de poterie rouge, trouvés dans le camp de Banville,

1. *Musée de Sèvres*, n° 8552, AA, III, 256. Notes de M. Brognard.

près Courseulles, et dans le pré Saint-Martin, à Condé (1).

Est-il possible de déduire de toutes ces découvertes quelque indication probante en faveur du système de nos adversaires, tant en ce qui concerne les travaux des anthropoïdes qu'à l'égard de leur chronologie fantaisiste?

On nous objecte qu'il nous est venu de la Chine de nombreux spécimens de hachettes et autres outils en pierre polie, et qu'en ce pays, ces instruments y sont d'un usage journalier.

D'abord, nos contradicteurs ne rêvent que de haches.

Ils n'ont même pas réfléchi que nous n'avons point en Europe la jadéïte qui sert aux Chinois à fabriquer ces outils, pas plus que nous n'avons la néphrite de la Sibérie et du Turkestan. Ceci est un fait positif, et il ne se rapporte ni à la civilisation, ni à un point quelconque de chronologie.

Nous ne sommes pas un peuple précisément sauvage; néanmoins nous fabriquons des outils. des instruments, des meubles en marbre et en pierre polie de toute nature.

1. *Bulletin de la Société des Antiquaires de Normandie*, t. IX, p. 556. — L'abbé Cochet, *Normandie souterraine* p. 337. — Le même, *Sépultures gauloises et romaines*, p. 31, 54, 404.

Mais, nous dit-on encore, les haches en pierre polie, emmanchées avec des andouillers de bois de cerf, qui figurent en si grand nombre dans nos musées, furent certainements des outils.

Nous venons de démontrer qu'il y a sans doute là une signification mystique qui nous échappe, mais, quand il n'en serait pas ainsi, quel travail pourrait-on faire avec de semblables outils? Le manche se briserait aussitôt dans la main de l'ouvrier.

Enfin, continuent nos contradicteurs, les sauvages de l'Amérique et de l'Océanie, les nègres des côtes de l'Afrique se servent actuellement de haches en pierre pour creuser leurs bateaux et confectionner leurs meubles. Tel dut être aussi le début de la civilisation européenne.

A cela nous répondrons :

1° L'état sauvage n'est point un commencement mais bien une déchéance;

2° Nulle donnée historique ne démontre l'existence de sauvages aux origines des peuples de l'Europe, de l'Asie ou de l'Afrique. Cette supposition toute gratuite est absolument injustifiable.

3° Les haches dont se servent les sauvages et les nègres sont en pierre très dure n'ayant pas le moindre rapport avec celles que nous possédons.

4° Ces haches ont une forme toute différente de celles recueillies dans les musées de l'Europe.

En outre, elles sont surmontées d'une poignée très maniable enveloppée d'une pièce de cuir.

5° Les prétendues haches garnissant nos musées, qu'elles soient en pierre dure ou tendre, brute ou polie, ont été à peu près toutes trouvées dans des monuments mégalithiques. Les sauvages européens avaient, en vérité, une fameuse intelligence pour des sauvages, puisqu'ils construisaient, avec des blocs de pierre d'un poids considérable, ces immenses tombeaux ou hypogées souterrains où l'on rencontre les menus fragments de pierre qui font pâlir nos grands savants.

Les petits esprits s'attachent naturellement aux petites choses.

C'est absolument comme si, ramassant dans une vaste église une épingle dont on ignorerait l'usage, on prétendait induire de cette trouvaille que l'église a cent mille ans d'existence.

Nous ne plaisantons pas. Ecoutez plutôt M. Duruy dans son *Histoire des Romains :*

« L'homme parut de bonne heure sur ce sol. Dans les terrains quaternaires du bassin de Rome, on a trouvé ses restes et des silex qu'il avait taillés ou polis, mêlés à des ossements de cervus-elephas, de rennes et de bos-primigenius. Aux outils de pierre succédèrent comme partout des outils de bronze. L'homme alors armé put combattre les fauves, puis la nature elle-même. Mais il se passa bien des siècles avant que ce travail produisit quelques effets utiles (1). »

Nous ne commentons pas. Nous nous permettons seulement de faire remarquer qu'il doit être assez difficile de combattre la nature avec des outils de bronze. Voilà encore une trouvaille qui vaut à peu près celles relatives aux haches en pierre polie.

Nous avons déjà eu l'occasion de signaler l'absurdité de la chronologie fantaisiste d'après laquelle l'humanité aurait traversé :

1° L'âge de la pierre polie pendant lequel les hommes n'eurent pour instruments de travail que des cailloux qu'ils frottaient les uns contre les autres; 2° l'âge du bronze; 3° enfin, l'âge du fer pendant lequel eut lieu l'entier développement de l'homme.

Les meilleurs amis du système en ont eux-mêmes compris l'inanité. Voici ce que dit à ce sujet, en effet, Alexandre Bertrand (2).

« Cette doctrine absolue de la succession des trois âges dont on a fait une loi sans exception, est, selon nous, de la plus grande invraisemblance. M. Oppert avait déjà protesté contre ces

1. Victor Duruy, *Histoire des Romains*, édition de 1879, t. I, p. 33.

2. *Archéologie celtique et gauloise*, p. 45.

tendances au congrès de Bruxelles, en 1872. Quant à nous, non seulement nous n'avons aucune raison de croire que partout, tant en Occident qu'en Orient l'usage du bronze a précédé celui du fer — que d'après les traditions, Tubalcaïn travaillait déjà avant le déluge et qui était employé par les Egyptiens deux mille cinq cents ans au moins avant notre ère — mais il est constant que plusieurs peuples de l'Afrique se sont servis du fer sans jamais avoir connu le bronze. Nous devons dire toutefois que le docteur Lindenschmitt va évidemment trop loin lorsqu'il s'élève contre cette classification qu'il ne voudrait même pas voir appliquer au Danemarck. »

La réserve faite par notre auteur tend, on le voit, à établir que, s'il n'est pas vrai, en général, que l'humanité tire son origine des singes et s'est élevée à la civilisation en traversant les âges de la pierre, du bronze et du fer, cette évolution paraît moins contestable pour quelques nations, du moins, sauf, bien entendu, en ce qui concerne l'origine simienne.

A notre tour nous protestons contre cette assertion en répétant : — Pourquoi attachez-vous tant d'importance à de misérables cailloux polis dont vous ignorez l'usage, à de vieux fragments de bronze et de ferraille rouillée dont vous ignorez l'âge ?

Mais laissons encore la parole à Alexandre Bertrand :

« L'influence prépondérante des géologues, dit-il, dans le mouvement imprimé aux sciences préhistoriques, a pu être heureuse à quelque égard, mais elle a produit ce résultat fâcheux d'introduire dans l'étude des faits relatifs au développement des sociétés humaines, une méthode et des habitudes d'esprit fort peu applicables à ce terrain mobile où s'agite le libre arbitre à côté de la toute-puissance divine.

« Il peut y avoir en géologie une loi immuable en ce qui concerne la succession des terrains de toute l'écorce du globe, qu'ils soient primaires, tertiaires ou quaternaires, avec quelques subdivisions plus ou moins nettement tranchées. Mais il n'existe pas de loi semblable applicable aux agglomérations humaines et à la succession des couches de la civilisation. Croire que toutes les races humaines ont nécessairement passé par les mêmes phases de développement en parcourant toute la série des transformations que certaines théories prétendent imposer, c'est tomber dans une erreur grave et qui ne résiste à aucune observation. »

Nous ne saurions mieux dire, et nous remercions l'auteur du concours qu'il vient de nous prêter.

CHAPITRE V

Les sépultúres antiques

Les profanateurs des tombeaux. — Crânes kumbécéphales ou crânes orthocéphales. — L'âge de l'univers d'après les sépultures antiques. — Morts de condition différente, usages dissemblables. — Toujours les haches de pierre. — Les enseignements du christianisme. — Tumuli. — Monuments mégalithiques : dolmen, pierres branlantes, chromlecs, etc. Dédain de nos savants pour les témoignages historiques. — Objets trouvés dans les sépulcres. — Sépultures scandinaviennes. — Célèbres tombeaux de l'antiquité. — Ordonnances de Charlemagne. — Tombeau de Childéric; une inscription gênante. — On demande l'âge de bois et l'âge de verre. — Les nations polythéistes. — Le respect universel des morts. — La croyance à une autre vie. — Les matérialistes seuls imitateurs des singes.

Les adeptes de la science nouvelle, ayant juré de se passer du témoignage de la Bible et des Livres Saints, se sont livrés à d'interminables recherches sur les origines du genre humain, et n'ont pas craint de profaner les asiles mêmes de la mort.

On compte par milliers les sépulcres, caveaux, grottes funéraires, puits, sarcophages, tumuli qu'ils ont bouleversés de fond en comble en jetant aux quatre vents du ciel les ossements et les cendres des ancêtres.

Cependant cette profanation a toujours été considérée comme un véritable crime, même par la législation des peuples les moins civilisés (1).

Pourquoi toutes ces fouilles?

Nos modernes savants veulent-ils se rendre compte des usages et des rites religieux des anciens?

C'est, hélas! le moindre de leurs soucis.

Ils recherchent simplement de nouveaux arguments pour étayer leur chronologie fantaisiste, consistant à prouver que le monde a cent

1. *Si quis cheristaduna super hominem mortuum capulaverit (Malberg Mandoado) aut silave, quod est porticulus super hominem mortuum dejecerit, de unaquaque (Malberg creo burgio) DC denarios, quod faciunt solidos XC, culpabis judicetur. (Lex Salica.)*

Si quis corpus in terra vel noffa, vel petra, seu piramide vel structura qualibet positum, sceleratus infamationibus effodere vel expoliare præsumpserit... (Lex Henrici, I, reg. Angl.)

Si quis sepulturam hominis mortui ruperit at corpus expoliaverit aut foris jactaverit, DCCC solid, sit culpabilis parentibus defuncti. Et si parentes proximi non fuerint, tunc gastaldius regis et sculdahis requirat culpam ipsum et ad curtem regis exigat. (Lex Rotharis, reg. Lombard.)

Sepulchrum violare si quis vespillionum scelesta cupiditate tentasset, pœnas non solum sanguine, sed etiam inhumato corpore daret, busto atque inferiis cariturus, jussit frodo III, rex Danorum. (Ex Saxone grammat.)

mille ou deux cent mille ans d'existence.

Quand le sépulcre ne contient qu'un mort, on examine soigneusement la forme et la position du crâne. S'il est kumbécéphale, c'est-à-dire en forme de bateau, il remonte à une époque lointaine qui le rapproche de l'origine simienne. S'il est orthocéphale, c'est-à-dire droit, il revient à la forme humaine et est, par conséquent, plus moderne.

Sur quoi nos savants basent-ils cette prétendue progression? Ils ne daignent pas nous l'apprendre et pour cause; mais ils partent en guerre et font défiler devant nous les races diverses et progressives des Cromagnons, des Eugis, des Néanderthal, des Caustadt, des Grenelle, etc., etc., s'échelonnant, suivant eux, à des intervalles variant de dix à vingt mille ans.

S'il s'agit de sépultures communes à plusieurs morts, l'opération est moins facile, puisque les crânes varient de forme et de grosseur, mais nos graves docteurs ne s'embarrassent pas pour si peu.

Trouvent-ils un morceau de fer ou une pointe de lance dans le sépulcre, ils écrivent : Age du fer, trente mille ans !

S'ils découvrent un morceau de cuivre, ils inscrivent : Age du bronze, quarante mille ans !!

S'il n'y a que quelques fragments de silex, ils

annotent : Age néolithique, soixante mille ans !!!

Enfin, s'ils ne trouvent rien autre chose que des ossements, ils proclament : Époque primordiale, cent mille ans !!!!

Mais, nous dira-t-on, on a abandonné depuis plusieurs années déjà, ce système d'âges problématiques.

Tant mieux si le bon sens a repris ses droits, répondrons-nous. Malheureusement, c'est le contraire qui est la vérité, et il faut toujours compter avec le parti-pris de tous ceux qui se font de ces théories une arme de guerre contre le Christianisme.

Est-ce que les usages admis pour les sépultures n'ont pas pu varier aussi d'un siècle à l'autre, et même d'une contrée à l'autre ? Étaient-ils semblables pour toutes les conditions, pour tous les âges ? La sépulture d'un grand était-elle la même que celle d'un esclave ?

Il n'y a donc, et nous défions qu'on nous prouve le contraire, absolument aucune induction chronologique à tirer des monuments funéraires, pas plus que de l'espèce ou la dimension des objets qu'ils contiennent.

Le tombeau d'un grand personnage a naturellement plus de relief que celui d'un vulgaire plébéïen. Les meubles votifs ou de dernier adieu déposés près du mort ont, relativement aussi, beaucoup plus de valeur et de perfection.

Le tombeau d'un guerrier ne contient pas les mêmes signes symboliques que celui du chef pacifique d'un clan.

On voit en France, dans des sépultures gallo-romaines l'urne remplie d'ossements à demi brûlés d'un père ou d'une mère, à côté du squelette d'un enfant qui n'a pas été soumis à l'incinération. Ici nous trouvons le monument d'un chef franc qui a été enterré avec ses armes, son cheval de bataille et un serviteur. A côté, cet autre sépulcre ne contiendra, avec les ossements, qu'une fiole et des charbons. Et nos fameux savants d'en induire que le mort était un chrétien, que la fiole contenait de l'eau bénite et que les charbons, jadis embrasés, exhalaient l'odeur de l'encens. Si, par hasard, ils trouvent une coupe, ils ajoutent que le défunt était prêtre.

Est-il rien de plus pitoyable que ces inventions de la science qui veut tout expliquer?

N'avons-nous pas vu, par exemple, des savants rattacher à l'exclamation: Evohe, usitée dans le culte de Bacchus, les initiales E. U. O. U. A. E., qui se lisent presque à toutes les pages d'un livre de lutrin, et sont tout simplement l'abrégé de *Seculorum Amen?*

En Suède, les tombeaux ne contiennent aucun instrument de cuivre ni de silex, bien que, ainsi que nous l'avons déjà dit, on trouve beaucoup de haches et de marteaux de Thor en silex dans les lacs, les tourbières et les rivières de cette contrée.

En Danemarck, même postérieurement à l'introduction du Christianisme, on déposait dans les sépultures des haches en silex; les unes fort grossières, les autres d'un travail plus soigné. C'était, sans doute, une antique habitude, et ces silex représentaient des armes véritables.

En Angleterre et en Ecosse, où tant de peuples divers se sont succédé depuis deux mille ans, les objets déposés dans les tombeaux varient à l'infini de forme et de nature.

Pareille observation à propos de l'Allemagne, même en ce qui concerne des sépultures dont la date est connue et relativement récente.

Il serait facile de se rendre compte de ces divers usages en compulsant les historiens et les vieux chroniqueurs. Mais ceux qui voulaient créer une prétendue science nouvelle n'ont pas pris cette peine. A défaut de savoir et d'érudition, l'imagination leur a suffi pour devenir célèbres.

Nous nous permettrons cependant de faire observer à ceux qui préfèrent la science à l'invention qu'il était d'usage autrefois de rouvrir les vieux tombeaux pour y mettre de nouveaux morts. La loi salique proscrivait néanmoins cette coutume sous peine de soixante sous d'amende (1).

Nous voudrions bien terminer ici des dissertations aussi arides, mais comment répondre brièvement à des savants qui parlent de tout, ne savent rien et surtout ne prouvent rien? Le lecteur nous permettra donc de continuer notre argumentation.

Il était d'usage, dès les siècles les plus reculés, et dans toutes les contrées de l'univers, d'élever de somptueux monuments funéraires à ceux que les peuples s'étaient accoutumés à regarder comme des demi-dieux, les princes, les grands, les héros, etc.

De puissantes et riches familles suivirent cet exemple pour leurs morts les plus vénérés, et l'on réunissait souvent dans un même sépulcre les cendres des enfants à celles de leurs ancêtres.

Cette tradition si respectable et si naturelle se répandit sur toute la surface du globe, au fur et à mesure que la population s'y implantait.

Le Christianisme ne modifia les coutumes funéraires qu'en ce qu'elles avaient de vain et de superstitieux. Voilà, en effet, ce qu'il dit aux hommes en apparaissant dans le monde: « Pleu-

1. *Si quis mortuum hominem aut in noffo aut in petra quæ vasa ex usu sarcophagi dicuntur, super alium miserit...* — Du Méril, *Mélanges archéologiques*. Paris, Franck, 1850, p. 95 à 148.

rez vos morts; honorez leur mémoire; ils revivront et vous vous retrouverez vous-mêmes vivants avec eux. Mais les fastueux monuments sont inutiles; il suffit d'un humble coin de terre inviolable, ombragé d'une croix. Les plus grands sont bien petits devant Dieu qui les juge. Les seuls méritants dans la mort sont ceux qui ont été vertueux dans la vie. »

Les monuments funéraires de l'antiquité n'offraient pas une grande variété de formes. Les anciens n'avaient qu'un but : recouvrir le cadavre et lui assurer le respect de la postérité.

Parfois c'étaient des pyramides en maçonnerie comme en Égypte ou de grands tertres de gazon, ou bien des roches colossales érigées près du sépulcre; quelquefois un amas de pierres moins volumineuses mais disposées de façon à attirer l'attention et à montrer l'hommage qu'on entendait rendre au défunt.

Souvent aussi, on réunissait pour la même sépulture, les grandes roches et les tertres de gazon.

On rencontre de ces tertres, appelés aussi tumuli, qui ont depuis 1 mètre jusqu'à 50 mètres d'élévation et même davantage.

Nous citerons notamment celui de Drogheda, dans le comté de Meath, (Irlande), qui a plus de cent mètres de diamètre; celui de Skevening dans le Seckland, qui mesure deux cents mètres de longueur; celui d'Odby, dans le Jutland, avec ses quatre cents mètres de longueur; celui de Silbury dans la Grande-Bretagne, qui a cent cinquante-six pieds, soit soixante-dix mètres de hauteur.

La surface de l'Europe, principalement dans les provinces du Nord, fut, en quelque sorte, jalonnée de ces monuments agrestes. Rudbeck les appelle des collines sépulcrales, et, assure, dans son *Atlantica*, en avoir compté 12,370 au pays d'Upsal (Suède).

Un grand nombre de ces tumuli n'existent plus aujourd'hui, et le reste tend à disparaître surtout dans les pays de culture.

Les monuments en roche brute, qu'on a désignés sous le nom de mégalithiques, constituent un genre spécial se rapprochant du genre cyclopéen. Il semble, en effet, que la même pensée ait présidé à leur édification, et que les constructeurs aient moins cherché à se distinguer par la beauté de l'œuvre que par la puissance de son exécution.

Il faut ranger dans la catégorie des monuments mégalithiques les grands monolithes auxquels on a donné les noms de menhirs et de peulvens. Ils ont, en général, quinze à seize mètres de hauteur.

De Caylus, dans son *Recueil d'antiquités*, estime à soixante-quinze mille kilogrammes le poids du monolithe d'Aurillé, en Poitou (1).

Ces monuments de pierre brute pouvaient n'être que des mémoriaux, mais il en est beaucoup au pied desquels on retrouve des ossements.

La célèbre plaine de Carnac, dans le Morbihan, comptait, suivant La Sauvagère (2) plus de quatre mille monolithes de toutes grandeurs. Etait-ce un cimetière comme celui de la plaine des Pyramides en Egypte ? Cela est possible. Peut-être aussi sommes-nous en présence d'un champ de bataille.

On distingue parmi ces monuments les *cromlecs* qui sont des cercles formés de grands quartiers de roches à un ou plusieurs rangs. Il en existe de plus de cent mètres de diamètre. Celui d'Abury, dans le Wittshire, mesurait quatre cent trente mètres de diamètre, et les cent pierres également espacées qui en dessinaient la circonférence avaient cinq mètres de hauteur chacune.

Citons encore les *galeries couvertes* formées aussi de quartiers de roches recouverts d'autres roches et de terre. Ces galeries forment une sorte

1. Tome VI.
2. *Antiquités de la Gaule*, p. 255.

de corridor conduisant à un sépulcre ordinairement commun à plusieurs morts.

Nous trouvons aussi dans cette catégorie les *dolmens* ou pierres posées à plat, les unes sur le sol, d'autres sur des supports. On les considère généralement comme des autels, et cependant beaucoup n'ont pu servir d'autels à cause de leur élvation ou de la convexité de leur forme. Ils sont ordinairement entourés de nombreux ossements. Quelques-uns ont une dimension colossale. Celui de Loc-Maria-Ker, par exemple, selon La Sauvagère, aurait pesé 37,800 kilos.

Il y a en outre les *pierres branlantes*. Elles sont posées en équilibre sur un ou plusieurs supports, mais de telle façon qu'on peut les remuer avec la main et que, cependant cent hommes ne sauraient les soulever. Ce genre de monuments n'est pas spécial à l'Europe, car, dans son histoire naturelle, livre II, chapitre 98, Pline parle d'une pierre branlante qui se voyait Harpasa, dans la Carie, qu'un doigt faisait mouvoir et qui néanmoins résistait aux efforts violents: *Cautes horrenda, uno digito mobilis, eadem, si toto corpore impellatur, résistens.*

Mentionnons enfin les *portiques* qui ont plusieurs mètres d'élévation et qui sont formés de trois roches, une aux pieds du mort, la seconde à a tête, la troisième servant de linteau.

La loi salique, dans ses prescriptions relatives aux divers monuments funéraires, les désigne sous le nom de tombes ou tumuli, silaves ou portiques, aristatous, cherista-duna, basiliques, ofes et sarcophages.

Elle défend, sous peines de fortes amendes, de les fouiller et de les dépouiller. Même elle insiste beaucoup sur cette matière, ce qui prouve que le crime de violation de sépulture était alors fréquent, et qu'il était d'usage d'enterrer les morts avec leurs richesses.

Comment se fait-il pourtant que nos modernes chercheurs ne trouvent point d'objets précieux en fouillant les tombeaux antiques ?

C'est évidemment parce qu'ils n'arrivent pas les premiers.

Leurs trouvailles deviennent donc insignifiantes et l'on ne peut en déduire aucun enseignement positif.

Comment, d'ailleurs, osent-il se vanter d'avoir fait des recherches sérieuses, quand il existe encore, en Danemarck seulement, vingt mille monuments de ce genre non explorés ?

Il est vrai que là, on ne trouverait peut-être pas de trésors, car les mœurs et les croyances des habitants de cette contrée différaient essentiellement de celles des Gaulois.

Au lieu de s'appuyer sur des documents historiques pour avoir l'explication de leurs découvertes, nos novateurs entassent hypothèses sur hypothèses, pour démontrer qu'à une époque fantastique, les hommes, vrais singes dégrossis, ne connaissaient pas encore l'usage des métaux.

Ils ne réfléchissent pas que, pour élever des montagnes de terre, pour extraire des carrières et transporter des blocs de pierre d'un volume et d'un poids considérable, quelquefois cent mille kilos, à des distances énormes, les bras d'hommes ne suffisent pas, quelque nombreux que soient les travailleurs. Pour tous ces travaux, le fer est évidemment indispensable.

Lors même que l'on trouverait dans ces antiques sépultures des milliers de couteaux de silex longs comme le doigt, des marteaux de jade gros comme des œufs, d'immenses quantités de haches en serpentine grandes comme la main, tout cela n'expliquerait pas comment ont été exécutés les travaux gigantesques motivés par l'édification des monuments eux-mêmes.

Mais alors, objectera-t-on, à quel usage servaient donc ces objets ?

Nous répondrons par la question préjudicielle.

D'abord, servaient-ils à quelque chose?

De nos jours, par exemple, on fabrique beaucoup de couronnes d'immortelles ou de perles pour honorer les morts.

Cette mode ne durera pas éternellement. Eh bien! lorsque dans plusieurs siècles nos arrière-neveux découvriront les débris de ces couronnes dans nos cimetières actuels, qui auront probablement changé de destination, n'auront-ils pas beau jeu pour se livrer à toutes sortes de conjectures?

Même dans notre dix-neuvième siècle, les peuplades de l'extrême Nord, qui sont encore demeurées païennes, se livrent aux plus bizarres coutumes quand elles enterrent leurs morts.

Ainsi, dans le sépulcre, qui est le plus ordinairement une caverne dont l'entrée est fermée, on place la hache du défunt, son arc, ses flèches, ses harpons, des vêtements, des parures, des aliments et même un caillou et un morceau d'acier. Tout cela est censé devoir servir au mort dans l'autre monde, notamment le briquet qui lui procurera la lumière s'il a à traverser des régions ténébreuses.

Notons aussi que les flèches et les harpons sont garnis de pointes en os ou en bois de renne semblables à ces fragments qu'on retrouve dans les sépultures antiques, et qu'on nous représente comme ayant cent mille ans d'existence (1).

Nous pouvons retracer ici les détails de la sépulture du roi Harald à la dent bleue (Hildetand),

1. Schaeffer, *In Laponia*.

tué à la bataille de Braavalla, en 770, bien qu'il y eût combattu bravement, une épée dans chaque main. Son neveu et vainqueur, Sigurd-Ring, voulant honorer sa mémoire, fit élever un immense tumulus contenant un vaste caveau, dans lequel on dressa un lit formé de cailloux. Sigurd donna un grand festin, fit laver le cadavre qu n étendit sur cette couche de cailloux, avec une grosse pierre sous la tête et une autre sous les pieds. On enterra avec lui et dans le même tombeau, après l'avoir préalablement immolé, son cheval de bataille, ainsi que ses équipages, le tout afin, que le défunt pût se rendre au Valhalla à cheval ou sur son char, à son choix. Ensuite, les chefs présents à la cérémonie jetèrent leurs parures et leurs armes autour du défunt, et le tumulus fut achevé et fermé soigneusement (1).

Toutefois cette relation est incomplète car on a trouvé dans le tombeau une grande quantité de hachettes en silex. Cela prouve une fois de plus que l'âge du fer et celui de la pierre, au lieu de remonter à quarante mille et à cent mille ans, correspondent tous deux, et très simplement, au huitième siècle de notre ère.

Nous retrouvons à chaque page de l'histoire

1. Saxo Gramm, lib X, cap. XII. — Engelhardt, *Guide illustré*.

ancienne des témoignages de cet usage constant de l'humanité ayant pour but d'honorer les morts en leur érigeant des monuments funéraires et en déposant dans leur tombe toutes sortes d'objets, et particulièrement ceux qui leur avaient servi pendant leur existence. Mais les données historiques, nous ne nous lasserons pas de le redire, suffisent à expliquer ces faits, sans qu'on puisse en tirer aucune induction relative aux prétendues époques préhistoriques.

Abraham lui-même fit ensevelir Sara dans une caverne au-dessus de laquelle il édifia un monticule.

Jacob érigea lui aussi, un monolithe sur le tombeau de Rachel.

Selon Diodore de Sicile, le monument funéraire élevé à la mémoire de Ninus était si important qu'on le prenait pour la citadelle de Ninive (1).

Homère signale dans la plaine de Troie des tombeaux remontant à une époque inconnue.

Virgile en décrit quatre existant au temps d'Enée : ceux de Dercennus, roi du Latium, de Polydore, dans la Thrace, de Caiete et de Misène (2).

1. Liv. II, ch. VII.
2. (Enéid, lib. XI, v. 849. — Lib. III, v. 62. — Lib. VII, v. 5. - Lib. VI, v. 232.

Inutile de rappeler les Pyramides d'Egypte ayant servi de tombeaux aux rois et aux princes depuis les temps de Chéops jusqu'à ceux de Ptolémée. Il en existait encore plus d'une centaine, il y a environ deux siècles, d'après le récit de Vansleb. Beaucoup étaient déjà enterrées sous les sables amoncelés par le vent, et il en a encore disparu plusieurs depuis lors.

Citons le tombeau d'Alyathes, roi de Sardes, mentionné par Hérodote comme une œuvre gigantesque (1) ; celui de Mausole, qui, à cause de sa magnificence, donna le nom de Mausolée à tous nos monuments funéraires ; celui de Porsenna dont la construction épuisa les trésors du royaume d'Etrurie au rapport de Varron : *Cujus operis nobilitate dicitur regni vires fatigasse ?*

Alexandre fit ériger sur la tombe d'Ephestion un tumulus dont la main-d'œuvre coûta douze cents talents, c'est-à-dire 5 millions 812,500 fr. de notre monnaie.

Dans l'empire romain, certaines familles portèrent si loin le luxe des monuments destinés à la sépulture de leurs membres, qu'on dut faire une loi pour réprimer ce luxe abusif qui menaçait de ruiner le pays (2).

1. Liv. I, ch. LXXXXIII.
2. Cicéron, II, *De Leg.*, c. 26.

Platon nous apprend de son côté (1) qu'on fut obligé de prendre des mesures analogues dans la Grèce.

Naturellement, les empereurs romains eurent de splendides mausolées. Suivant Suétone (2), on dressa sur le tombeau de César une immense colonne de pierre de Numidie.

Auguste fut inhumé dans un vaste caveau recouvert d'un tumulus planté d'arbres toujours verts. Le tombeau de Néron lui-même fut entouré de marbres de Thasso.

Saint Grégoire de Tours raconte qu'on enterra saint Bénigne, qui souffrit le martyre à la fin du deuxième siècle, dans un grand sarcophage, c'est-à-dire à la manière des païens (3).

Charlemagne fit placer sur le tombeau de Witikind deux monolithes de dix mètres de hauteur. Ce même prince défendit aux Saxons chrétiens de brûler leurs morts et de les inhumer dans des tumuli, suivant la coutume païenne. Il laissa aux Saxons païens la faculté de suivre leurs pratiques habituelles, mais ces ordonnances prouvent qu'au neuvième siècle, il existait encore des usages dont on retrouve les traces dans les sépultures antiques.

1. *Traité des Lois*, liv. XII.
2. C. LXXXV.
3. *Glor. Martir.*, liv. I, ch. V.

L'Islande ne fut habitée que vers le neuvième siècle. Cependant elle est couverte d'une multitude de tumuli.

A Jersey même, le célèbre Hong-Bye, sur lequel on a édifié une chapelle chrétienne, était tout simplement un tumulus du dixième siècle.

Le roi Gorm et la reine Thyra, qui moururent à Jelling, en Danemarçk, vers 950, furent aussi enterrés sous de grands tumuli.

On le voit, à toutes les époques et dans toutes les contrées du globe, les monuments funéraires ont affecté les formes les plus variées.

Il en est de même des objets que l'on rencontre lorsqu'on y fait des fouilles.

Nous avons déjà vu ce qui se pratiquait en Scandinavie, dans le culte d'Odin : on enterrait avec leur propriétaire, les armes dont il s'était servi de son vivant. Cette coutume était usitée surtout quand il s'agissait de jeunes braves ayant à peine dépassé l'âge de l'adolescence, afin de montrer, en arrivant dans le Valhalla, que le maniement des armes leur était déjà familier.

En Alsace même, d'après l'un des antiquaires les plus distingués du siècle dernier, on plaçait dans les sépultures antiques des vases culinaires et d'économie domestique de tout genre, et aux environs de Spire et de Worms, on trouve ordinairement, dans les tombeaux, des ampoules de verre de formes très variées (1).

Dans le Holstein, le Mecklembourg, la Poméranie, les sépultures fournissent un grand nombre de haches et de coins en pierre polie, mais, selon la judicieuse remarque des antiquaires de ces mêmes contrées, et notamment de Sperling, ces objets sont trop petits et de matière trop tendre pour avoir pu être de quelque usage utile.

Lorsqu'en 1655, on ouvrit le tombeau du roi Childéric, décédé en 481, on trouva, outre les ossements du cheval de bataille du souverain, une tête de taureau, une framée, des imitations de haches ou de coins en pierre et en bois, la riche parure d'or et de pierreries d'un baudrier, des abeilles d'or émaillées et enfin deux anneaux portant l'effigie du prince avec l'inscription : *Childeri regis* (2).

Il est fâcheux que cette dernière inscription ait indiqué la date exacte du monument, car nos modernes savants auraient pu lâcher la bride à leur fertile imagination, surtout en présence des splendides parures d'or et de rubis, des coins de silex et de bois, et enfin du fer de la framée qui

1. Schœpflin, *Alsacia illustrata*, p. 319.
2. Chifflet, *Anastasis Childerici I.*

avait conservé sa forme, mais qui, dès qu'on le toucha, se transforma en un amas de poussière de rouille.

Quel âge eussent-ils donné à notre monument ? Est-ce l'âge du fer ? Serait-ce celui du bronze ou même celui de la pierre polie ? Ce tombeau renfermait, en effet, des spécimens de ces différents âges. Il contenait, en outre, certains objets de bois.

A ce propos, nous remarquons une lacune dans le système de nos adversaires. Il n'y est point question de l'âge du bois. Cependant il a été trouvé des imitations d'armes en bois, non seulement dans le tombeau de Childéric, mais encore dans beaucoup d'autres sépultures moins célèbres.

Il est vrai aussi qu'on a souvent rencontré dans ces tombeaux des morceaux de verre de différentes formes et même du cristal de roche. Alors pourquoi n'a-t-on pas parlé de l'âge du verre ?

La vérité est qu'on plaçait dans les tombeaux des multitudes d'objets de toute nature. Il s'agissait le plus souvent de pratiques superstitieuses, et l'on s'imaginait que ces objets devaient servir au mort.

Parfois, cependant, ce n'était que de simples mémoriaux destinés à honorer le défunt.

Est-ce qu'aujourd'hui encore, c'est une superstition de laisser à l'épouse son anneau nuptial, à l'évêque sa croix pastorale, à tous un chapelet, une médaille, un objet de piété quelconque ?

C'est surtout dans les nations polythéïstes que les superstitions ont été et sont encore les plus grossières et les plus nombreuses.

En Afrique, en Asie, au Mexique, au Pérou, on sacrifie d'innombrables victimes humaines afin de donner au mort qu'on veut honorer un cortège convenable de sujets, de serviteurs et d'épouses pour l'accompagner dans l'autre vie. On imite en cela les anciens Romains, chez lesquels on voyait fréquemment des amis, des esclaves se jeter spontanément dans les flammes du bûcher afin d'escorter aux Champs-Elysées celui dont ils avaient été les fidèles compagnons sur la terre. Quelques-uns ne poussaient pas aussi loin le dévouement et se contentaient de livrer au feu des habits, des armes, des meubles, des objets de prix, des parures de tout genre, afin que le mort retrouvât au delà du tombeau les objets auxquels il tenait ici-bas, et des souvenirs des amis qu'il laissait derrière lui.

La superstition de l'obole de Caron était commune aux Grecs et aux Romains, mais les peuples de l'Epire, qui habitaient la rive gauche de l'Achéron, ne la pratiquaient point parce qu'ils n'avaient pas besoin de franchir ce fleuve redoutable.

Dans l'Inde, au royaume de Siam notamment, on croit être agréable au mort en faisant brûler autour du cercueil du papier doré ou argenté, des masses d'obligations à acquitter dans l'autre vie. Ce sont des richesses fictives que, dit-on, le défunt réalisera au-delà de la tombe.

Dans le royaume d'Asham, on est plus prodigue. Avec le mort, on enterre de véritables fortunes et même des provisions de toute sorte.

Du reste, sur notre continent européen, Alaric, roi des Visigoths, fut lui-même inhumé avec d'immenses trésors (1) : *In cujus foveæ gremis Alaricum cum multis opibus obruunt.*

Les puits funéraires du Bernard, département de la Vendée, dans lesquels on a pratiqué des fouilles récentes, renfermaient, avec les ossements de victimes immolées en l'honneur des morts, de nombreux fragments de silex, des instruments en fer et en cuivre de diverses formes et enfin, tout au fond, des monnaies de Dioclétien (2).

Nous pourrions multiplier ces citations à l'in-

1. Jornandès, *De rebus geticis*, cap. xxx.
2. Baudry et Ballereau, *Puits funéraires du Bernard.*

fini, mais nous ne voulons pas fatiguer davantage le lecteur. Nous en avons dit assez, au surplus, pour lui faire partager notre manière de voir.

Il est donc impossible d'établir une chronologie quelconque d'après la nature et la forme des objets trouvés dans les monuments funéraires.

On ne saurait non plus soutenir avec la moindre apparence de raison que l'usage des instruments en pierre polie a précédé l'usage du cuivre, et que ce dernier a précédé l'usage du fer.

De quelque côté qu'on envisage la question, forcément et toujours on revient à cette même conclusion.

Le seul enseignement qui ressorte, avec une saisissante évidence, tant de l'examen des sépultures antiques que des fouilles qu'on y a pratiquées, ainsi que des controverses auxquelles ces fouilles ont donné lieu, c'est que, depuis l'origine des siècles, l'homme a toujours été pénétré du double sentiment d'un profond respect pour les dépouilles de ceux qui l'ont précédé dans la vie, et de la croyance à sa propre survivance dans un autre monde.

Cette tradition pour ainsi dire instinctive de l'homme, est en parfaite conformité avec les traditions bibliques. Celles-ci nous révèlent la faute originelle comme la cause du châtiment terrible de la mort. Mais cette tradition nous apprend aussi que la mort, expiation nécessaire, n'est pas l'extermination de la race humaine.

L'homme a, hélas, par sa nature physique, beaucoup de points de contact avec les bêtes, et, comme elles, il est soumis à de tristes accidents corporels.

Mais, par la puissance et l'étendue de son intelligence et de ses facultés morales, il s'élève bien au-dessus de la bête la plus parfaite qui, d'ailleurs, n'a jamais manifesté ni regrets, ni espérances.

Ces animaux, qu'une détestable philosophie donne pour ancêtres à l'homme, reculent avec dégoût devant le cadavre d'un de leurs semblables, fût-ce même celui de leur propre mère.

Il n'est pas de peuple, même parmi les sauvages. qui n'ait pratiqué le culte des morts et cru à une autre vie.

Nos matérialistes prétendus savants protesteront peut-être contre cette double assertion ; mais, dans le fond du cœur, ils seront de notre avis.

CHAPITRE VI

Le silex

Encore le silex. — Comment on allumait le feu avant l'invention des allumettes chimiques. — Les pierres à fusil. — Les ateliers de silex. — L'ébéniste ingénieux. — Un champ d'exploration place du Trône. — M. de Mortillet et la pierre étonnée. — Un moyen de s'éclairer. — Les armes de silex. — Les anthropoïdes de M. Broca. — Un chasseur dans l'embarras. — Arcs et frondes. — Les archers de Scipion. — La fronde chez les juifs. — Le camp de Sandouville. — Les antiquaires de Normandie. — Encore un oubli des habitants de Falaise. — Les Anglais à Hastings. — De grâce, ne remontons pas trop loin.

Puisque la nouvelle école se complait dans la question du silex et en fait une des bases principales de son argumentation, nous sommes forcés d'y revenir.

L'invention des armes à percussion, en 1822, celle des allumettes chimiques, en 1833, furent peut-être une heureuse aubaine pour nos savants contradicteurs : ils crurent avoir trouvé là une arme puissante contre les Livres Saints.

Nous croyons, nous, que ces découvertes ont été

surtout funestes aux nombreux ouvriers qui gagnaient leur vie en taillant les pierres à feu, et à ceux qui en faisaient le commerce.

Parlons d'abord des pierres à feu servant aux usages domestiques.

Depuis le commencement du monde jusqu'en l'an de grâce 1833, on ne connut qu'une seule manière d'obtenir du feu. Elle consistait à frotter avec force soit une lame d'acier trempé, soit le dos d'un couteau, soit un simple briquet, sur l'angle d'une tablette de silex. On tenait cette tablette de la main gauche, ainsi que l'objet qu'on voulait enflammer, amadou, charbon de linge ou de paille, etc., et le simple choc avec le briquet, tenu de la main droite, faisait jaillir une étincelle qui produisait l'effet désiré.

Voici d'ailleurs un échantillon de cette tablette de silex bien connue de nos grands parents.

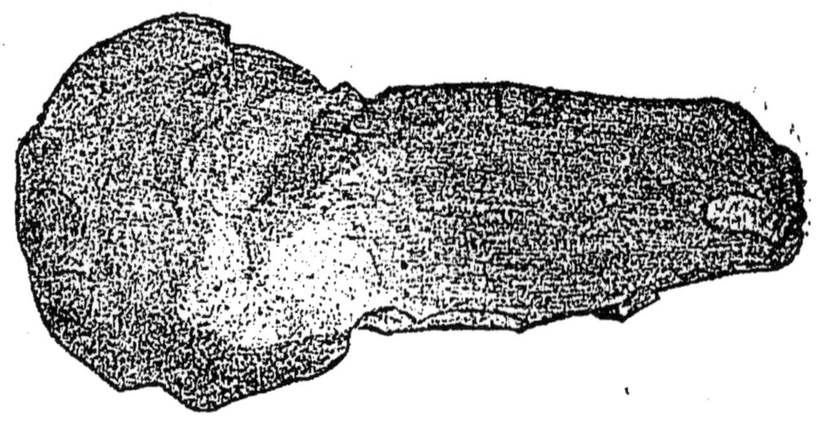

Les fumeurs en avaient toujours deux ou trois dans leurs poches, et, du reste, après cinquante ans d'expérience, beaucoup reviennent à ce système. On s'aperçoit que les allumettes à phosphore ont une odeur et un goût détestables, sans compter que la régie en fournit d'immenses quantités qui ne prennent pas feu.

Comme les tablettés de silex s'usaient très vite, chaque frottement du briquet en emportant une parcelle, il est impossible de calculer combien il en a été dépensé de millions ou de milliards.

Mais ces tablettes ne servaient pas uniquement aux usages domestiques et pacifiques.

Lorsqu'en effet, à la fin du quatorzième siècle, les armes à feu remplacèrent les engins guerriers dont on se servait jusque-là, le rôle du silex prit une place considérable dans les destinées du genre humain.

S'il était possible de compter ce qui se dépensa de capsules chaque année sur toute la surface du globe, et que l'on divisât ce total par trente, on aurait la moyenne approximative des pierres à fusil consommées pendant les quatre siècles qu'en dura l'usage. Une pierre à fusil fournissait, en effet, environ quinze coups avant d'être retaillée et quinze autres coups à la suite de cette opération. Après quoi, elle était hors de service.

Voici le dessin d'une de ces pierres :

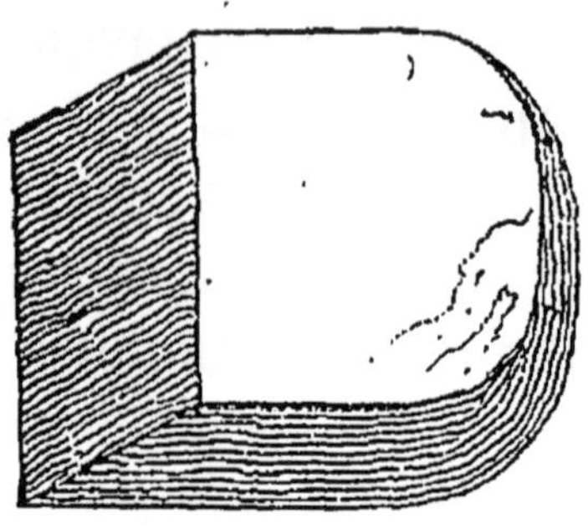

Il y eut d'abord des fusils à mèche qui furent bientôt remplacés par les fusils à rouet dont la pierre, grande comme le fond de la main, s'adaptait à la culasse. Puis vinrent les fusils à marteau et enfin les fusils à chien dont l'usage se prolongea jusqu'à l'invention des armes à percussion.

Vers 1820, on se servait pour les carabines et les fusils de chasse de tablettes de silex ayant 33 millimètres de longueur sur 28 de largeur et 10 d'épaisseur, avec un biseau de 15 millimètres.

C'étaient les plus petites. Venaient ensuite celles des fusils de munition, puis celles des fusils de rempart un peu plus volumineuses ; puis enfin celles des canons à batterie qui étaient aussi larges que la main.

On employait encore pour les pistolets d'arçon et les pistolets de poche des pierres de même nature, mais évidemment d'un volume moins considérable. Il y en avait qui étaient larges comme l'ongle du petit doigt.

Toutes ces tablettes, quelle qu'en fût la grandeur, étaient nécessairement taillées en biseau, et quand le tranchant se trouvait usé, on l'aiguisait en frappant dessus avec une clef de poche ou avec un morceau de métal quelconque. Si le biseau était trop allongé, on cassait simplement le coupant avec l'ongle. Il n'était pas difficile, on le voit, de travailler cette pierre.

Et voilà pourtant les outils qui, suivant les professeurs de l'école moderne, auraient servi aux anthropoïdes d'il y a cent mille ans pour abattre les chênes, creuser des bateaux, construire leurs habitations.

Les anthropoïdes du temps de Turenne ou de Condé, voire même de Hoche et de Napoléon 1er employèrent le silex à un tout autre usage.

Nos modernes chercheurs déclarent qu'ils ont découvert plus de trois cents ateliers où l'on travaillait le silex. Ils partent de là pour supputer le nombre de siècles durant lesquels les premiers humains et leurs ancêtres à demi humains firent usage de ce caillou merveilleux pour leurs armes et leurs instruments de travail.

Les investigations de ces Messieurs sont loin d'être complètes. Il existe dans toutes les parties du monde beaucoup d'autres ateliers du même genre, car, pendant les quatre siècles où l'on s'est servi du fusil à pierre pour la guerre et pour la chasse, c'est par millions, chaque année, que se fabriquèrent les tablettes de silex.

Et, sans parler du fusil ou des autres armes, à combien d'autres usages divers a-t-on employé, et n'emploie-t-on pas encore, de nos jours, le silex ?

Les cantonniers s'en servent pour macadamiser nos chemins.

Les maçons l'emploient fréquemment dans les constructions rustiques, comme ornements. Quelquefois aussi, ils le mettent en saillie sur les murs pour marquer certaines servitudes.

On trouverait à chaque pas, pour ainsi dire, des endroits où l'on a travaillé le silex et où il en reste de nombreux débris. Sans chercher bien loin, nous pouvons en indiquer un que l'on découvrira facilement.

Un brave ébéniste du faubourg Saint-Antoine prenait plus souvent le chemin de l'auberge que celui de l'atelier de son patron. La paresse et la nécessité aidant, il inventa une industrie assez curieuse. Les jours de fêtes populaires, il se rendait sur la place du Trône, portant sous chaque bras un énorme morceau de silex, puis, après un boniment assez bien débité, il s'agenouillait par terre et réduisait en éclats, à coups de poing, aux yeux des curieux ébahis, ses deux morceaux de silex. Ce que la foule ignorait, naturellement, c'est que dans sa main enveloppée d'un mouchoir et garnie d'un tampon de chiffons, il cachait une tige d'acier, et alors, pour briser ses pierres, il n'avait nul besoin d'un secours surnaturel. Les gros sous pleuvaient dans la casquette placée à côté de lui et quand la recette était suffisante, il levait la séance et se rendait chez son ami le marchand de vins.

Des recherches attentives faites à l'endroit où travaillait notre artiste, sous la première rangée de marronniers, un peu plus bas que la venelle des Soupirs, amèneraient certainement la découverte d'une superbe collection de disques, de grattoirs, de haches, de prismes, de lames, de pointes et de mille autres fragments de silex, tous plus dignes les uns que les autres d'exciter la verve de nos modernes savants. Ils pourraient donner trente mille ans d'âge aux uns et cent mille aux autres...

Rien, du reste, n'embarrasse les créateurs de la nouvelle science, et il nous faudrait des centaines de volumes pour répondre à toutes leurs extravagances.

On sait, par exemple, qu'il faut éviter de mettre dans le feu des morceaux de silex. Cette pierre, une fois chauffée à blanc, éclate, disperse les charbons et peut occasionner des accidents sérieux.

Eh bien! en 1873, un certain M. Bourgeois présenta au fameux M. de Mortillet, fondateur du musée préhistorique de Saint-Germain, un fragment de silex calciné.

Grand émoi dans le monde matérialiste. Après beaucoup de recherches, de réflexions et de dissertations, M. Zaborowski nous apprend que M. de Mortillet jugea que ce mode si imparfait de tailler le silex avait dû précéder tous les autres, et il inventa immédiatement une nouvelle époque préhistorique : celle de la pierre étonnée !

Connaît-on rien de plus étonnant que cette invention ?

Voici, d'ailleurs, un extrait littéral du rapport de M. Zaborowski sur ce sujet :

« Quelques silex sont profondément altérés et craquelés par l'action du feu. Cependant, nous avons beaucoup de répugnance à admettre que les êtres qui ont taillé ces silex aient été maîtres du feu ou maîtres de l'allumer, sinon de s'en servir. Ces êtres étaient-ils, en effet, ce que nous pourrions appeler des hommes ? La question a été examinée à tous les points de vue, notamment par MM. de Mortillet, Hovelacque et Gaudry, et elle a été résolue dans un sens négatif (1). »

Voyons, messieurs les savants, vous paraissez de force à prendre le Pirée pour un homme.

Allez donc faire un tour au pays d'Auge : vous y verrez un grand nombre de maisons en colombage édifiées sur des fondations en pierres de

1. *L'Homme préhistorique*, p. 30.

silex. Qu'une de ces maisons vienne donc à être incendiée : il vous sera facile de ramasser sur le lieu du sinistre des charretées de pierres étonnées.

Par exemple, vous auriez, dans ce cas, plus de peine à appuyer votre théorie des cent mille ans qui auraient précédé l'apparition de l'homme. Vous ne pourriez plus faire passer ces fragments informes pour l'œuvre de quelqu'une de ces grandes races de singes qui furent les ancêtres de la race humaine, comme le *Mesopithecus pentelici*, première ébauche d'un homme, mais encore anthropoïde, suivant M. de Mortillet, ou bien comme le *Dryopithecus* de M. Gaudry, ou le *Pliopithecus antiquus*.

Vous en seriez peut-être au désespoir, mais il faudrait bien, cependant, que l'imagination cédât le pas à la science.

Nous ne prétendons pas nier d'une façon absolue qu'il y ait eu jadis des armes en silex, mais sur ce point encore les hypothèses de nos savants ne tiennent pas debout.

Pourtant, M. Broca nous affirme gravement que les anthropoïdes se servaient d'armes de ce genre, il y a deux cent mille ans.

Pourquoi pas cinq cent mille ans? Ce chiffre n'était pas plus difficile à tracer sur le papier, et il eût produit plus d'effet encore aux yeux du vulgaire.

Enfin, passons.

Il paraît qu'en ce temps-là, dit notre auteur, « la pointe de lance dite pointe du Moustier était assez large pour faire de grandes blessures et constituait une arme terrible. Emmanchée au bout d'un épieu, elle pouvait servir à tuer les plus grands mammifères. »

Si M. Broca était un disciple de saint Hubert, nous ne lui conseillerions pas d'aller attendre un solitaire ou même un simple loup avec une arme pareille, fût-elle même emmanchée au bout d'un épieu.

Ah ! fasse le Ciel que bientôt toutes les querelles entre les hommes puissent se terminer par un duel où les combattants ne seront armés que de sabres à lames de silex !

Jamais, jamais, hélas ! on n'a employé d'armes de silex pour chasser les grosses bêtes. Il est vrai, cependant, qu'on s'est quelquefois servi de flèches à pointes de silex pour la chasse aux oiseaux. La flèche se trouvant presque toujours perdue dans cette dernière chasse, le préjudice qui en résultait était insignifiant, puisqu'il ne s'agissait que d'une toute petite pierre.

Comme armes de guerre, on s'est également servi parfois de flèches et d'épieux garnis de pointes de silex, de même qu'on lançait des fragments de silex avec la fronde. Les Grecs, les Germains, les Francs, dédaignant les combats à distance, préféraient généralement les armes de fer ou de bronze; mais beaucoup d'autres peuples, parmi lesquels les Romains, avaient souvent recours aux armes de silex.

C'est ainsi qu'on voyait dans leurs troupes des compagnies entières d'archers et de frondeurs, et l'on sait les immenses services que ces soldats rendirent à Scipion dans sa lutte contre les Numantins. Ainsi que le dit, du reste, le savant d'Alexandre, auquel nous empruntons ces détails (1), ces combattants lançaient des grêles de pierres et d'épieux. Ces batailles, ajoute-t-il, étaient à armes perdues : *Quæ feruntur, non geruntur.*

Les Juifs excellaient dans le maniement de la fronde : Osias, roi de Judée, avait dans son armée des régiments de frondeurs. Peu de temps après la mort de Josué, la seule ville de Gabaa comptait sept cents soldats qui maniaient la fronde des deux mains, lançant la pierre avec une adresse merveilleuse (2).

Les pierres de fronde pesaient depuis un jusqu'à deux et même trois kilogrammes. Elles étaient polies, pointues ou coupantes; elles réu-

1. *Vid. Genialium Dierum*, lib. VII, c. XXII, p. 374.
2. *Vid. Judic.*, lib. XX, 16, et lib. II, par. 26, 14.

nissaient quelquefois ces deux dernières qualités. Celle que David lança à Goliath et qui fendit la tête du géant philistin était très polie *(lapis limpidissimus)*.

On trouve de nombreux spécimens de ces pierres dans les anciens camps romains. Ainsi, un archéologue du Havre, M. Bourdat, en découvrit une grande quantité, en 1878, dans le camp de Sandouville.

Ce camp est un de ceux décrits par Ammien-Marcellin : « La Seine et la Marne, dit-il, entourent de leurs eaux la ville des Parisiens, bâtie au point de leur jonction ; puis elles coulent ensuite dans le même lit jusqu'à la mer, où elles entrent, auprès des camps de Constance : *Prope castra Constantia funduntur in mare.* »

On a fait grand bruit de prétendus ateliers de silex récemment découverts en Normandie, aux stations d'Olendon et de la Brèche-au-Diable, près Falaise, de Solutré, de Saint-Acheul, du Moustié, de la Madeleine, etc.

Très curieux, en vérité, le mémoire figurant à ce sujet dans la collection des Antiquaires de Normandie (tome XXIX, page 197). Rien n'y manque, ni les âges néolithiques et paléolithiques, ni les milliers de siècles, ni les hommes sauvages, ni l'âge du bronze et de la pierre polie, ni les plus ingénieuses explications sur la fabrication et l'usage des meubles en silex par les sauvages et troglodytes, ancêtres des populations normandes. L'auteur décrit onze échantillons de ces travaux d'anthropoïdes (1).

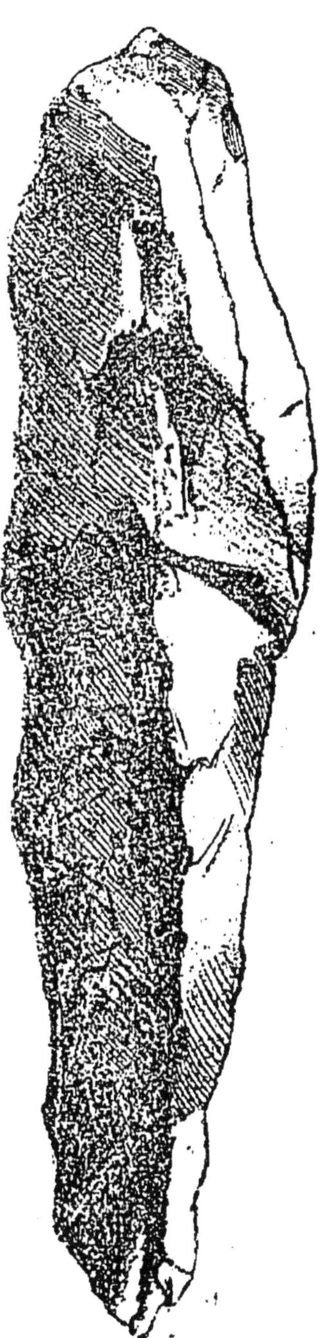

Hélas! les bons habitants du pays de Falaise ont encore une fois oublié d'allumer leur lanterne.

S'ils connaissent les us, coutumes et travaux des anthropoïdes, ils ne savent pas que les Romains ont envahi la Gaule et qu'ils avaient installé des camps sur divers points de la Normandie.

Donc, les fragments de silex en question sont purement et simplement de vulgaires pierres de fronde.

Il n'est pas besoin, d'ailleurs, de remonter jusqu'aux Romains pour trou-

1. Voir ci-contre le dessin d'un de ces spécimens.

ver des traces de l'emploi du silex comme arme de guerre.

Les Anglais eux-mêmes, suivant l'historien Guillaume de Poitiers, s'en servirent contre les soldats de Guillaume le Conquérant à la sanglante bataille d'Hastings, en 1066 : *Jactant Angli cuspides et diversorum generum tela sævissimas quoque secures et lignis imposita saxa.*

Nous l'avons donc surabondamment prouvé, il est absurde de remonter jusqu'à cent mille ans pour expliquer l'usage des armes de pierre en général, et particulièrement de celles en silex.

CHAPITRE VII

Autres inductions fantaisistes

Les rivières qui creusent leur lit. — Le morceau de cruche de sir Horner. — La Somme rivale du Mississipi. — Les amateurs de roman. — Quelques bonnes billevesées. — Les caprices du Gulf-Stream. — La mer du Sahara. — L'époque glaciaire. — Les troglodytes de la Vézère. — Un moyen de refroidir l'Algérie. — La grotte du Moustier. — Ils reconstituent le déluge. — Histoire amusante mais peu véridique du Nil. — Réfutation concluante. — L'homme primitif au fond de la mer. — Les tourbières de Danemarck. — Les prairies du Cotentin.

Nos savants sont allés chercher jusqu'au fond des ondes de toute espèce des arguments à l'appui de leurs thèses ou plutôt de leurs hypothèses.

Ce sont, prétendent-ils, les rivières qui forment elles-mêmes leurs bassins, en roulant les sables et en charriant continuellement d'énormes quantités de boue et de limon vers l'Océan.

Donc, ajoutent-ils, jugez du temps qu'il a fallu à la Seine et au Rhône pour creuser leur lit. Cela ne peut se calculer que par des millions de siècles.

Pauvres savants ! Pardonnez-nous de dissiper encore une fois vos illusions, mais, enfin, vous confondez toujours la cause et l'effet.

Ce sont, au contraire, les rivières qui élèvent le sol sur lequel elles coulent ordinairement et celui sur lequel elles s'étendent accidentellement lors des inondations, en y déposant les boues et détritus de tout genre qu'elles apportent des lieux d'où elles descendent.

Voyez, par exemple, ce que le Nil a fait de l'Egypte?

Les savants de l'expédition française, après s'être livrés à de minutieuses recherches, calculèrent que le sol de l'Egypte s'élevait de cinq pouces par siècle, c'est-à-dire d'un mètre en sept siècles. Lepsius n'avait trouvé que trois pouces et demi, et après un nouvel examen, en 1858, sir Horner se rangea à son avis.

Ce dernier ayant fait creuser un puits très profond auprès de la statue de Ramsès II, à Memphis, rencontra, à trente-neuf pieds de profondeur, soit treize mètres, un morceau de poterie. Il en induisit que l'Egypte était déjà habitée, il y a treize mille ans.

Le raisonnement est spécieux, mais ce qu'il y a de plus probable, c'est que les fouilles opérées par sir Horner avaient débouché un ancien puits dans lequel on avait sans doute laissé tomber une cruche ; à moins toutefois que l'explorateur n'ait été victime d'une mystification semblable à celle arrivée à Boucher de Perthes au sujet de la célèbre mâchoire de Moulin Quignon.

Il faut remarquer, en effet, que si le sol de Memphis et des environs s'abaissait soudain de trente-neuf pieds, il serait aussitôt submergé par la mer. Donc, on ne pourrait l'habiter et encore moins y faire cuire de la poterie.

Dans ses excursions en Amérique septentrionale, le géologue sir Ch. Lyell essaya de déterminer l'âge du delta du Mississipi. En pesant la quantité de vase contenue dans un litre de l'eau de ce fleuve, il obtint, par ses calculs, le chiffre de soixante-sept mille ans. Mais MM. Humfreys et Abbot lui ayant fait remarquer que, loin de déposer tous ses sédiments sur le delta, le Mississipi en entraîne la plus grande partie jusqu'à la mer, Sir Lyell recommença son examen et arriva, cette fois, au chiffre de cent mille ans.

L'alluvium de la Somme, ajoute notre géologue, qui contient, outre des fragments de silex, des os de mammouths et de hyènes, est pour le moins aussi ancien.

Combien la modeste rivière du Pas-de-Calais doit-être fière de se voir ainsi comparer à l'immense fleuve du Mississipi !

Si l'on disait à notre savant calculateur que ce

ne sont pas les rivières qui ont formé leurs deltas, mais bien le déluge; que ces rivières, démesurément grossies, n'ont eu qu'à chercher de nouvelles issues en renversant les obstacles qui se trouvaient sur leur passage ; que répondrait-il ?

Suivant MM. Morlot, Gillieron et sir John Lubbeck, le cône de la Tinnière et celui plus considérable qui est au-dessus, près de Villeneuve, au bord du lac de Genève, attestent, vu leurs conditions géologiques, une antiquité de plus de cent mille ans.

D'après le système de ces Messieurs, quel serait donc l'âge du pic de Ténériffe et même de la butte Montmartre qui est sédimentaire jusqu'à soixante ou soixante-dix mètres de profondeur ?

Car enfin, auprès de ces colosses, le cône de la Tinnière et même son voisin ne sont que des pygmées.

Si nos savants voulaient admettre le déluge, ils s'expliqueraient aisément les bouleversements terrestres qui excitent leur surprise.

Mais ils préfèrent le roman à l'histoire. Alors, ils suent sang et eau pour analyser les époques pliocènes et miocènes, pour décrire l'ordre et les dates des couches alluviales, primordiales, tertiaires, quaternaires qui, çà et là, cependant, manquent absolument et qui, ailleurs, sont disposées de cent façons diverses.

Ils ont d'autant plus de peine que, dans ces questions, rien ne procède d'une loi immuable. Tout atteste, au contraire, des cataclysmes, des désordres renversant tous les calculs et tous les systèmes.

Ah ! ce n'est certes pas à propos de la géologie que l'on a pu dire que :

« L'ennui naquit un jour de l'uniformité. »

Mais, hâtons-nous de le proclamer, le monde tel qu'il est, vaut beaucoup mieux que l'univers fantaisiste éclos dans la cervelle de nos ingénieux contradicteurs.

Enumérons encore, sans nous y arrêter davantage pour l'instant, quelqués-unes des billevesées qu'on voudrait nous faire adopter, telles, par exemple, que :

La formation des tourbières en trente mille ans ;

Les époques glaciaires et post-glaciaires;

Le transport alternatif, en douze mille ans pour chaque évolution, des glaces et mers, du pôle sud au pôle nord et vice-versa ;

La variation du centre de gravité du globe, et par suite le déplacement de son axe de rotation ;

Les excentricités de l'orbite de la terre pendant un million d'années, etc, etc...

Mais un point qui mérite véritablement une mention spéciale, c'est l'histoire des caprices du

Gulf-Stream. Ce fameux courant, après avoir longtemps caressé le golfe du Mexique, se transporta soudain vers les côtes occidentales de l'Europe. On prétend que ce changement subit fut occasionné par l'apparition instantanée, sur la surface des eaux, de l'isthme de Panama. Le professeur Huxley voit une preuve de ce phénomène dans le fait que sur 173 espèces de poissons tropicaux, 57, soit 30 pour cent, se retrouvent de chaque côté de l'isthme, dans l'Océan Atlantique aussi bien que dans l'Océan Pacifique.

Et voilà comment et pourquoi l'Angleterre jouit de douze degrés de chaleur de plus qu'elle n'aurait si le Gulf-Stream était resté fidèle à ses premières amours.

Sir Hopkins nous affirme gravement que cette théorie du changement de direction du fameux courant n'est point une simple hypothèse, mais bien une conséquence nécessaire de l'affaissement du sol de l'Amérique du Nord, indiqué par des preuves de diverses natures.

« Une dépression de deux mille pieds, dit-il, convertirait le Mississipi en un grand bras de mer, dont le golfe du Mexique actuel formerait l'extrémité méridionale, et qui communiquerait par son extrémité septentrionale avec la grande vallée occupée actuellement par la chaîne des lacs. Dans ce cas, au lieu d'être dévié par les côtes américaines, le Gulff-Stream aurait traversé directement ce canal pour aller se jeter dans l'Océan Arctique. »

Naturellement, dans cette démonstration hypothétique, Sir Hopkins envisage une période bien antérieure à celle des rivières actuelles.

Cela fait rêver, car si l'on accorde cent mille années à la Somme et à la Seine pour la formation et la déposition de leurs graviers et de leurs loess, il leur en a fallu encore bien davantage pour creuser leur bassin. A combien de millions de siècles, remonterait donc l'époque ou ces rivières n'existaient pas et où la vallée du Missisipi était un bras de mer ?

Nos savants ne reculent devant aucune énormité. Ecoutons encore le professeur Huxley :

« Tout concourt, dit-il, à prouver que le monde est plus vieux qu'on ne le croit, et notamment la seule existence de la race nègre. On sait que cette race a horreur de la navigation. Donc, comme elle occupe toute l'Afrique au sud du Sahara, Madagascar, les Iles Andaman, la Malaisie, les Philippines, la Nouvelle-Guinée, les Nouvelles-Hébrides, la Nouvelle-Calédonie, les îles Fiji, la Tasmanie, etc., cela prouve qu'il y eut jadis un prolongement de terre reliant entr'elles ces diverses contrées, ou une suite d'iles s'étendant de la côte orientale de l'Afrique jusqu'à l'Océan Indien. A cette époque, le grand désert du Sahara était une mer. Donc, l'apparition de la race nègre sur la terre est d'une antiquité effrayante, ainsi que le démontrent ces divers changements de configuration du globe. Par conséquent encore, le monde est beaucoup plus vieux que ne le dit la Bible (1). »

Ouf ! il doit être permis de respirer après une aussi longue excursion dans le pays des nègres.

Inutile, n'est-ce pas, de faire ressortir l'inanité d'une semblable démonstration.

Voyez-vous d'ici cette mer du Sahara quittant son lit primitif pour aller faire une promenade sur le continent africain, et tout cela pour isoler les unes des autres les peuplades de nègres disséminées dans ces vastes pays ?

C'était vraiment leur jouer un bien vilain tour.

Mais admettons, pour un instant, que, là comme ailleurs, il se soit produit des bouleversements considérables du sol. Qui donc a dit à ces Messieurs que ces commotions remontaient nécessairement à des centaines de mille ans ?

Revenons à l'époque glaciaire. C'est là un des chevaux de bataille de nos adversaires.

Voici ce que dit à ce sujet Paul Broca (2).

1. Sir John Lubbock, *Ancienneté de l'Homme*, ch. XII.
2. Troglodytes de la Vézère.

« La fin de l'époque tertiaire avait été signalée par un phénomène remarquable dont les causes ne sont pas encore parfaitement connues. L'hémisphère boréal s'était graduellement refroidi. D'immenses calottes de glace, descendant du flanc des montagnes dans les vallées et dans les plaines, avaient couvert une grande partie de l'Europe, de l'Asie et de l'Amérique septentrionale, et la température de notre zone jusqu'alors torride était peu à peu devenue glaciale. La durée de cette période de refroidissement qu'on appelle période glaciaire fut excessivement longue.»

Disons d'abord que les prétendus trogodytes de la Vézère étaient tout simplement des chrétiens qui vivaient au deuxième et au troisième siècle, et qui, par suite des persécutions auxquelles ils étaient en butte, se réunissaient en secret dans des cavernes et autres lieux cachés, pour y célébrer leurs mystères.

Quant au phénomène de refroidissement signalé par M. Broca, il nous parait matériellement impossible. Le degré de la chaleur, en effet, dépend de ces quatre causes combinées, savoir: la distance du soleil à la terre; l'inclinaison de l'axe de notre globe; le mouvement annuel et enfin le mouvement diurne.

Donc, pour modifier l'effet, il faudrait changer

la cause, et, par conséquent, bouleverser tout le système sidéral.

Admirons aussi cette théorie d'après laquelle la glace aurait produit le refroidissement, quand c'est au contraire celui-ci qui produit la glace.

Transportez mille millions de charretées de glace dans la plaine d'Alger, vous verrez ce qu'en fera le soleil africain; la température de l'Algérie n'en subira qu'une très courte modification.

Nous savons bien que le Groenland s'est refroidi au point de devenir presque inhabitable, mais cette petite contrée a éprouvé les conséquences de phénomènes tout locaux, comme il pourrait en advenir, par exemple, de notre presqu'île de la Manche si, par hasard, le Gulf Stream venait à être détourné de son cours par un barrage établi au Pas-de-Calais.

On ne peut admettre, et pour cela nous en appelons aussi bien au simple bon sens qu'à toutes les lois astronomiques, que tout un hémisphère doive être soumis à des alternatives torrides, glaciaires et tempérées.

Nos savants prétendent que ce sont les rivières qui ont elles-mêmes formé leurs bassins.

En réalité, c'est le contraire qui est la vérité. La surface du globe tend à se niveler; les vallées s'élèvent et avec elles le fond des rivières. La preuve, c'est que beaucoup de fleuves, la Loire notamment, coulaient, il y a à peine quatre ou cinq siècles, à plus d'une lieue de leur lit actuel.

On nous dit cependant que « la grotte du Moutiers, découverte en 1863 dans le département de la Dordogne, vallée de la Vézère, par MM. Lartet et Christy, quoique située à vingt-sept mètres au-dessus de l'étiage de la rivière, contient des terres d'alluvion, ce qui prouve que la rivière a coulé à son niveau.»

La preuve est bien choisie vraiment!

Vos prétendues terres d'alluvion ne sont que des boues diluviennes.

C'est comme si vous disiez qu'on a commencé les Pyramides par la pointe.

« Pendant la première période, dit Zaborowski, page 44, les fleuves atteignirent des niveaux très élevés. C'est ainsi que, d'après M. Belgrand, la Seine, qui coule aujourd'hui entre vingt-cinq et vingt-sept mètres d'altitude dans le périmètre de Paris, devait couler aux altitudes de cinquante à soixante-quinze mètres, et former à Paris même un véritable lac. »

Mais, cher monsieur, vous omettez de nous fixer sur deux points essentiels :

Où étaient les sources capables d'alimenter de pareilles rivières?

Où placez-vous le bassin qui recueillait ces énormes quantités d'eau ?

Avec votre système, l'Océan déborderait bientôt sur tous ses rivages. Les fleuves, refoulés vers leurs sources, se confondraient avec les eaux de la mer ; ce serait alors un véritable déluge.

Pourquoi ne pas vous contenter de celui des traditions bibliques ?

Avant de s'occuper des époques préhistoriques, on devrait, au moins, étudier à fond l'histoire proprement dite. C'est pourtant, hélas, le dernier des soucis de nos savants.

Citons encore Zaborowski, qui nous transmettra, d'ailleurs, l'opinion de deux autres de ses collègues :

« Entre les années 1851 et 1854, dit-il page 183, des sondages ont été opérés dans le sol de la vallée du Nil, *qui a toujours occupé son lit actuel,* et cela, au moyen de quatre-vingt-quinze trous ou forages exécutés loin des emplacements des villes ou des villages. Aussi bas que l'on ait creusé, on a toujours trouvé des objets travaillés, notamment des vases, des pots, une petite figurine cuite, un couteau de cuivre, etc. A dix-huit mètres, on a trouvé une brique cuite, à douze mètres une autre brique cuite.

« L'épaisseur des dépôts faits en un siècle est

évaluée à douze centimètres. Bulmeister a pu évaluer de ce seul fait l'âge de l'homme, en Egypte, à soixante-douze mille années. Lyell ne l'évalue qu'à trente mille ans. A cette dernière date, l'Europe était en plein âge du renne.»

Quoi ! vraiment? l'Europe était en plein âge du renne il y a trente mille ans?

Mais savez-vous qu'à l'heure présente, il y a des millions de rennes en Russie ? On y rencontre, à tout instant, des propriétaires possédant jusqu'à deux cents de ces animaux. Et encore, à peine jouissent-ils d'une modeste aisance relativement à leurs voisins qui en ont des milliers.

Voyons, il faudrait s'entendre une bonne fois.

Vous nous assuriez à l'instant que les rivières creusaient les vallées. Vous nous dites maintenant que le Nil comble celle dans laquelle il coule. Que signifie ce langage contradictoire? — Faites-vous de la science ou vous lancez-vous de plus en plus dans les conceptions romanesques ?

Comment n'avez-vous pas compris que vos sondages avaient été effectués dans un ancien lit du Nil!

Nul fleuve, en effet, n'a autant changé de lit. — Chaque année, pour ainsi dire, il modifie son cours. On connaît parfaitement plusieurs de ces lits abandonnés notamment le Bahr-Bela-Ma ou fleuve sans eau, fort éloigné du canal actuel. On sait que Ménès l'avait détourné au-dessus de Memphis. La description de la basse Egypte faite par Hérodote, il y a vingt-deux siècles, ne se rapporte guère à l'état actuel de cette contrée. — L'embouchure Bolbitine n'est plus à la place qu'il lui assigne ; Abouzir ne se trouve plus au milieu du Delta. L'ancien canal par lequel les flottes des Pharaons communiquaient avec la mer Rouge, et que le Calife Omar fit rouvrir jusqu'à Kolsoum pour transporter en Arabie les contributions de blé imposées à l'Egypte, ne peut plus servir à rien. Autrement, il n'aurait pas été besoin de créer un nouveau canal à travers l'isthme de Suez. Le canal de Nadir, à la branche de Damiat, le plus fréquenté de nos jours, a été creusé à une époque relativement récente, tandis que la branche de Batna à Nadir, jadis la principale, se comble d'année en année. Quant à la branche Canopique, située à l'est d'Aboukir, elle passait anciennement à l'ouest de cette même ville.

Cela n'empèche pas M. Zaborowski de déclarer que le Nil a toujours coulé dans son lit actuel et de bâtir sur cette erreur historique et géologique, des chronologies à perte de vue.

Quant à l'assertion d'après laquelle le sol

égyptien s'élèverait de douze centimètres par siècle. elle est tout aussi fantaisiste.

Sans entrer dans une longue et fastidieuse discussion à ce propos, nous renvoyons le lecteur, aussi bien que notre contradicteur, à l'ouvrage très complet de Volney (1).

Mais pour terminer ce qui concerne notre fleuve, voici un extrait littéral de l'ouvrage du célèbre Vansleb, imprimé en 1698, et portant pour titre: Relation d'Egypte (2).

« Ce qui distingue le Nil, c'est qu'il commence à croître et à décroître à jour fixe; que ses eaux deviennent vertes au début de la crue, puis rouges, et enfin que, quelquefois, il change de lit.

« J'ai lu dans l'historien arabe, le Mekkin, — qu'au temps où les Arabes prirent l'Egypte, le Nil touchait les murailles du bassr-Issecmma, quartier de l'ancien Caire, et qu'il passait aussi près de l'église de Mari-Moncure, dans le quartier du Patriarche. La rue ou se trouvait cette église s'appelait alors Harct-il-Bahr ou rue de la Rivière. Aujourd'hui le fleuve en est éloigné de plus d'un mille.

« Fuva, appelée en langue grecque Mételis, et

1. *Voyage en Égypte*, t. I, ch. II et III.
2. Voir p. 47, 60, 172.

désignée dans les dictionnaires cophtes sous le nom de Messil, est une ville fort ancienne et considérable, située sur le bord oriental du Nil, à six heures environ du chemin de Rosette. Autrefois, le fleuve était si profond depuis son embouchure jusqu'à cette ville, que les saïques chargées pouvaient remonter jusqu'à la cité où se trouvait le bureau de la douane. Peu à peu, le Nil étant devenu moins profond, et moins navigable, les saïques durent s'arrêter à Rosette où l'on transporta la douane. »

L'auteur, auquel nous empruntons ces détails, connaissait très bien le pays puisqu'il l'habitait depuis six ans. Il avait été chargé par le gouverment français d'y aller rechercher des manuscrits arabes.

Nos savants modernes sont-ils au moins plus forts en calcul qu'en histoire?

Hélas, non!

Ainsi, ils nous disaient tout à l'heure que le sol de l'Égypte s'exhausse de douze centimètres par siècle, et que l'homme habite ce pays depuis soixante-douze mille ans, soit sept cent vingt siècles.

Multipliez 720 par 12 centimètres, et vous avez un produit de 86 mètres 40 ou 260 pieds.

Donc, si l'on s'avisait aujourd'hui d'abaisser le sol de la vallée du Nil de quatre-vingt-six mètres quarante, on verrait les eaux de la Méditerranée se précipiter dans le Delta et former un vaste bras de mer qui descendrait bien au delà de Djizeh.

Le sol du delta est, on le sait, actuellement presque au niveau de la Méditerranée.

Viendra-t-on soutenir que les hommes primitifs habitaient le fond de la mer?

Alors, ce n'étaient plus des singes, mais des hippopotames ou autres animaux amphibies.

La vérité est que les apports sédimentaires du Nil ne sont point tels qu'on nous les dépeint. Les fleuves qui coulent avec le calme et la lenteur de celui-là ne déposent sur les terrains qu'ils inondent qu'une poussière à peine perceptible. Si donc le Nil, par ses débordements, féconde les campagnes de l'Égypte, c'est bien moins par la quantité des vases qu'il charrie, que par les qualités fertilisantes de ses eaux toujours chargées de germes et d'animalcules se résolvant en gaz nutritifs.

A-t-on réfléchi, d'ailleurs, que s'il transportait autant de limon qu'on le prétend, il aurait amené depuis longtemps dans le delta toute la terre meuble de la province de Darfour, où il prend sa source?

Signalons encore une autre erreur de calcul facile à relever :

D'après le savant Steenstrup, il faudrait quatre mille ans à une tourbière pour croître de dix à vingt pieds.

En relatant cette assertion à propos des tourbières du Danemarck qui ont quarante pieds de profondeur, nos contradicteurs ajoutent qu'en réalité, il faut un laps de temps trois ou quatre fois plus considérable pour qu'une tourbière se développe dans la même proportion.

C'est là encore une exagération prouvant qu'un audacieux trouve toujours plus audacieux que lui.

Toute tourbière a succédé à un marais et s'est formé de détritus des plantes qui y croissaient. Mais les lieux, les circonstances, les espèces de plantes des marais varient à l'infini. Telle plante est d'une végétation excessive par ses racines qui s'étendent en tous sens, comme le jonc, l'iris, le glaïeul, la reine des prés. Bientôt la flaque d'eau où elle a pris naissance se transforme en une tourbière, et alors cette plante, ainsi que ses congénères, ne tarde pas à périr quand l'eau vient à manquer.

Mais il est impossible d'assigner une durée déterminée à cette période de transformation. Ici, il faudra mille ans peut-être ; là, cent ans, ailleurs soixante.

Les belles rivières du Cotentin coulent sur des

tourbières qui ont généralement plus de quarante pieds d'épaisseur.

Au temps de la domination romaine, ces tourbières étaient des marais à travers lesquels les maîtres du pays établirent des chaussées pour leurs voies stratégiques. Il y en a même quelques-unes sur pilotis, et l'on retrouve encore aujourd'hui des vestiges de ces travaux à deux ou trois mètres au-dessous de la surface actuelle, ce qui prouve que la tourbière s'est élevée dans la même proportion.

Et suivant vous, messieurs les savants, il a fallu deux mille ans pour en arriver à ce résultat?

Mais ce qui détruit ce beau raisonnement, c'est qu'au treizième siècle, les rois et les seigneurs s'attribuaient la propriété de ces tourbières déjà transformées depuis longtemps en prairies. Les communes en avaient aussi leur part, et tout cela est attesté par de bons titres de propriété très réguliers.

Là, où il y a moins de mille ans, on voyait de vastes et larges fondrières, qu'un homme n'aurait pu traverser sans avoir de l'eau jusqu'aux hanches, et en risquant de perdre la vie, dans ce bourbier qui fléchissait sous ses pas, existent maintenant de gras et solides pâturages où les animaux paissent et s'ébattent en toute sécurité.

Les immenses tourbières du Cotentin portent toujours le nom de marais, et leur substance qui est combustible s'appelle vulgairement du *poumon*.

Telle ou telle tourbière peut donc avoir quatre ou cinq mille ans de date, mais du moment où sa superficie a atteint le niveau du point de décharge du marais qu'elle remplace, elle cesse absolument de croître.

Il y a là une règle immuable à laquelle nos savants ne changeront rien.

CHAPITRE VIII

Le déluge

Le déluge, terreur des savants. — Cinquante systèmes et plus. Une submersion de quatre-vingt mille ans. — Les élèves de Cyrano de Bergerac. — Le canal de la Manche en 709. — Le déluge d'après Moïse. — Opinion de Louis Figuier. — Les fouilles de Montreuil. — Admirables conjectures de M. Gaudry. — Des bêtes comme on n'en voit plus. — Simple explication. — Preuves d'un bouleversement général du globe.

Le déluge!...

Voilà un mot que les docteurs de la nouvelle école ne prononcent jamais sans frémir.

Pourquoi?

Simplement parce que l'idée qu'il représente admet l'intervention divine dans les choses de ce monde. Or, quand nos savants ne vont pas jusqu'à nier Dieu, ils le considèrent, du moins, comme un être passif, absolument indifférent à tout ce qui se passe.

Un philosophe du dernier siècle, de Paw, avait dit: Comme on comptait déjà, en 1764, quarante-neuf systèmes différents proposés pour expliquer les désastres et les révolutions physiques que notre singulière planète a essuyés, il m'a paru qu'il était plus difficile de discuter tant d'opinions diverses que d'en hasarder de nouvelles. J'ose donc... (1).

Nos modernes savants, eux aussi, ont osé, et leur système, qui n'est pas d'ailleurs le premier depuis celui de de Paw, est digne de ses aînés et tombera comme eux dans la poussière de l'oubli.

Nul ne saurait nier, et la plupart de nos grands docteurs sont bien forcés de reconnaître qu'il y a eu une inondation du globe, lorsque la vie végétale et la vie animale en avaient déjà pris possession. Mais voici une des explications qu'ils donnent de ce phénomène :

« L'Angleterre fut submergée jusqu'à la hauteur de 660 mètres au-dessus du niveau actuel comme le prouvent les coquilles glaciaires que l'on a retrouvées.

« D'après les observations recueillies par M. Ch. Lyell, l'amplitude moyenne de cette submersion a été de 75 centimètres par siècle. Il lui a donc fallu, pour s'accomplir, une durée d'au moins quatre-vingt mille ans. Il lui en a même fallu certainement plus, car l'Angleterre, à

1. *Recherches sur les Américains*, tome II, page 270.

l'époque pliocène, lorsqu'elle était rattachée au continent, était de 150 mètres plus élevée qu'aujourd'hui (1). »

Voyons, illustres savants, où prendriez-vous assez d'eau pour administrer à notre globe un pareil bain? Puis, l'opération terminée, que feriez-vous de cette eau qui représenterait un volume égal à quatre fois au moins ce qu'il y en a dans tout l'univers?

Mais vous qui n'aimez pas les miracles, vous ne songez pas qu'après une inondation de cette durée, toute vie serait anéantie et ne pourrait être ramenée sur la terre que par une influence surnaturelle.

Et encore vous ne nous parlez que de la seule Angleterre. Aussi, n'essaierons-nous point de calculer le nombre de siècles nécessaires pour appliquer votre système d'une façon plus étendue.

Il est vrai que, pour la longueur du temps, vous n'y regardez pas de si près, et comme toujours vous n'apportez aucune preuve à l'appui de vos allégations.

Qui donc vous a appris aussi que l'Angleterre émergeait de soixante-quinze centimètres par siècle, et que jadis elle était rattachée au continent?

1. Zaborowski, *L'Homme préhistorique*, p. 43.

Ce ne peut être que Cyrano de Bergerac qui a sans doute trouvé la solution de ces importantes questions dans son voyage aux États et empire de la Lune.

On vient nous parler d'un bain d'une durée de quatre-vingt mille ans pour l'Angleterre. De semblables balivernes ne méritent même pas d'être réfutées.

Pour asseoir ce piètre raisonnement, on nous raconte qu'il résulte de certaines observations — telles par exemple, que l'éloignement du port de Fréjus de la côte méditerranéenne, et les envahissements de la mer sur d'autres points — qu'il s'est produit des oscillations dans l'écorce solide du globe. On ne daigne pas nous expliquer, d'ailleurs, pourquoi le niveau actuel de l'Angleterre aurait varié de six cent soixante mètres.

Nous nions formellement ces prétendues oscillations. C'est à ceux qui avancent le fait de le prouver.

Il est avéré qu'en l'an 709 de notre ère, le canal de la Manche a subi une dépression de dix à quinze mètres, et s'est élargi considérablement surtout du côté de la France. Les mémoires de l'abbaye du Mont-Saint-Michel fixent cet événement à cette même année 709, date de la fondation de l'abbaye par Saint-Aubert, évêque d'Avranches.

En effet, au temps des grandes marées, le bord de la forêt de Siscy ou de Coquelunde, située sur les confins de la Normandie et de la Bretagne, se découvre laissant voir des souches d'arbres et d'arbustes. Il est possible en tout temps de trouver le même sol forestier et les mêmes traces de végétation sous les sables de la baie du Mont-Saint-Michel, à des profondeurs qui varient de quatre à dix mètres, suivant qu'on s'éloigne plus ou moins de la terre ferme.

Il en est ainsi dans les marais de Dol (1).

Suivant Diodore de Sicile (2), au commencement de l'ère chrétienne, le transport des produits d'étain de la Cornouaille anglaise sur les côtes gauloises s'effectuait au moyen de charrettes qui à marée basse, pouvaient passer d'îlot en îlot. La forêt sous-marine que l'on traversait ainsi s'étendait de la pointe de la Hogue jusqu'au delà de Saint-Malo.

Le phénomène géologique que nous venons de rappeler, quelque important qu'il soit, est à peu près inconnu des géologues. Pourtant, il éclairerait ceux qui affirment que l'Angleterre émerge perpétuellement du sein de l'Océan, et qu'elle se rattachait autrefois au continent, ainsi que ceux

1. Ogée, *Dictionnaire de Bretagne*, 2e édit., art. Dol.
2. Lib. V, cap. CCXXI.

qui attribuent au courant sous-marin du Gulf Stream toutes sortes de directions arbitraires.

Mais, nous le savons de reste, à défaut d'une *science* difficile d'ailleurs à acquérir, nos docteurs modernes préfèrent donner libre carrière à leur féconde imagination.

Pour savoir exactement à quoi s'en tenir sur l'immersion ou l'émersion des terrains solides, il faudrait fixer une altitude et la vérifier pendant plusieurs siècles. C'est malheureusement ce qui n'a jamais été fait.

D'après le récit de Moïse lui-même, il semble que le déluge fut un immense raz de marée qui s'arrêta sur le sommet le plus élevé du continent de l'Asie. L'arche déposée en cet endroit, y demeura stationnaire. Puis le redoutable courant se divisa en deux, l'un continuant sa course, l'autre revenant par le chemin qu'il avait déjà parcouru (1).

Il semble aussi que ce raz de marée fut causé par un déplacement de l'axe de rotation du globe, déplacement qui expliquerait la pluie torrentielle de quarante jours et l'éruption des eaux intérieures qui brisèrent leur enveloppe (2).

Celui qui, après avoir pesé la terre du bout de

1. *Reversæ que sunt aquæ de terra euntes et redeuntes.* — *Genèse*, VIII, 3.

2. *Rupti sunt omnes fontes abyssi magnæ et cataractæ cœli apertæ sunt.* — *Genèse*, VII, 2.

ses doigts, arrondit d'un revers de main la voûte du firmament — *Quis mensus est pugillo aquas et cœlos palmo ponderavit? quis appendit tribus digitis molesu terræ* (1) — Celui-là, disons-nous, peut changer quand il lui plait la marche de l'univers, plus vite et plus facilement que le machiniste faisant vapeur en arrière.

Cet élan irrésistible des masses liquides, se précipitant sur les continents et revenant ensuite sur elles-mêmes avec la même impétuosité, explique le désordre dans lequel on retrouve amassés sur un même point des oiseaux, des plantes, des poissons, des animaux de toutes les latitudes, soit entiers, soit par fragments, mais toujours dans un pêle-mêle inextricable.

Si l'inondation diluvienne avait été simplement le bain pacifique dont on nous parle, tous les êtres organisés se retrouveraient à la place qui leur était assignée, et l'on ne verrait pas des vestiges de bancs d'huîtres sur le sommet des montagnes.

Nous avons fait remarquer que le bain de quatre-vingt-huit mille ans imaginé par nos savants, aurait eu pour conséquence forcée l'anéantissement de toute existence pour tous les êtres possibles, animaux et végétaux.

1. *Is.*, XL, 12.

Il n'en est pas de même, on en conviendra, de l'immersion de trois cents jours décrite par les Livres Saints.

Parmi les végétaux surtout, les uns ont pu se conserver soit par leur propre force, soit par leurs racines ou leurs graines.

Quand aux animaux, les amphibies notamment pouvaient parfaitement continuer à vivre en dépit de l'inondation. Noé, sur l'ordre de Dieu, donna asile dans l'arche aux autres espèces qui devaient être conservées sur la terre, et il les garda pendant toute la durée du cataclysme, soit une année entière.

Il est clair que si la submersion dura trois cents jours pour les bas plateaux, elle fut de moins en moins longue suivant l'altitude des diverses parties de la surface terrestre.

Mais au fur et à mesure que les eaux s'abaissèrent, les courants s'élevèrent par la simple loi de la pesanteur, et l'on s'explique pourquoi les dépôts diluviens ne se trouvent jamais au-dessus d'une altitude moyenne.

On a retrouvé, il est vrai, au-delà de cette altitude des cadavres et des corps flottants ensevelis pêle-mêle dans des cavernes. Mais un auteur célèbre, que personne ne soupçonnera de partialité en faveur de la Bible, M. Louis Figuier, nous donne à ce sujet, dans son livre l'*Homme primitif* des explications qui nous paraissent concluantes. Nous les transcrivons textuellement.

« Les cavernes recèlent fréquemment de grands amas d'ossements placés à des hauteurs inaccessibles aux animaux. Comment donc ces os s'y trouvent-ils ?

« Il est fort étrange ensuite qu'aucune caverne n'ai jamais fourni un squelette entier, ou même une portion entière du squelette d'un homme ou même d'un animal quelconque. Non seulement, en effet les ossements gisent toujours pêle-mêle et sans ordre, mais, jusqu'à présent, il a été impossible de retrouver l'ensemble des os ayant constitué jadis un individu. Il faut donc admettre que les accumulations d'ossements et de débris humains dans la plupart des cavernes sont dues à une autre cause que le séjour de l'homme et de quelques animaux féroces dans ces antres ténébreux. On suppose donc que ces ossements ont été amenés et déposés dans ces cavités par l'irruption et les courants des eaux diluviennes qui les avaient rencontrés sur leur passage.

« Ce qui rend cette hypothèse vraisemblable, c'est que des cailloux roulés sont constamment associés aux ossements ; or, ces cailloux proviennent de localités éloignées de la caverne. Souvent même des coquilles terrestres ou fluviatiles accompagnent ces ossements.

« D'autres fois, on remarque que les fémurs et les tibias des grands mammifères ont leurs angles arrondis et que les os des plus petits sont réduits en fragments roulés.

« Ce sont là des indices évidents du transport des ossements par les courants d'eaux rapides qui ont tout balayé sur leur passage; en d'autres termes, par les eaux du déluge, qui signala l'époque quaternaire.

« D'après le témoignage de beaucoup de savants ayant exploré les cavernes de tous les pays, et surtout d'après les fouilles de M. de Fontan dans les grottes de Massat, L'herm et Bouichéta, ainsi que celles faites par Scherling dans plus de quarante cavernes de la Belgique et surtout dans celle d'Égis, devenue célèbre par les deux crânes humains qu'il y découvrit, il résulte que ces cavernes recélaient des ossements épars du grand ours et de l'hyène des cavernes, du mammouth, du rhinocéros, mélangés à d'autres d'espèces encore vivantes, telles que le loup, le sanglier, le chevreuil, le castor, le hérisson, etc.

« Plusieurs cavernes contenaient des ossements humains également fort éparpillés et roulés dans toutes les positions et à toutes les hauteurs, tantôt en dessus, tantôt au-dessous des précédents, d'où l'on peut conclure que ces cavernes ont été remplies par des courants d'eaux qui charriaient toute sorte de débris.

« Tout cela revient à ce que dit Cuvier que s'il y a quelque chose de constaté en géologie, c'est que la surface de notre globe a été victime d'une grande et subite révolution dont la date ne peut remonter beaucoup au delà de cinq ou six mille ans. »

Le sol même de notre France fournit ample matière à toutes les études géologiques possibles. Nos savants en usent largement; mais là où ils croient trouver des preuves à l'appui de leurs assertions fantaisistes, nous découvrons, nous, à l'aide du simple bon sens et d'une froide analyse, un témoignage incontestable en faveu de la vérité biblique.

Ainsi, près Paris, à Montreuil et aux environs, il existe un gisement d'os de rennes, d'éléphants, d'hippopotames et de rhinocéros. La pioche les ramène en fouillant le lit desséché d'une rivière qui s'était creusé un passage de vingt-cinq mètres de large au milieu d'un terrain crayeux.

Eh bien! la rivière, en se comblant, a enseveli à une profondeur de cent mètres environ les ossements de ces animaux qu'on y retrouve pêle-mêle avec des blocs de pierre meulière.

De la présence de ces fossiles et du résultat de diverses fouilles faites antérieurement à Montreuil par M. Belgrand et à Chelles par M. Améghino, M. Gaudry, le célèbre M. Gaudry, infère que le bassin parisien a traversé, à l'époque quaternaire, des phases climatériques très diverses attestées par les mammifères fossiles que ce bassin recèle. Au sortir de l'époque tertiaire, dit-il encore, une phase torride est tout indiquée par l'éléphant d'Afrique (*elephas meridionales*) ; puis est venue une période glaciaire pendant laquelle vivaient dans cette région le renne et le rhinocéros tishorbinus; ensuite, une phase chaude a vu se développer l'hippopotame merchei et l'elephas antiquus; une période tempérée a nourri côte à côte les mammifères des climats doux et ceux de climats chauds; enfin, cette période a été remplacée par un retour momentané de froidure qui a ramené le renne.

Ne sont-elles pas admirables, les conjectures de M. Gaudry ?

C'est comme si nous disions qu'il fut un temps où les glaciers de la Suisse étaient au fond des vallées et où les roses du printemps s'épanouissaient sur la cime du Mont-Blanc; un temps où les glaces polaires barraient le passage au navigateur sous la zone torride; un temps où la neige tombait sous le soleil ardent de la canicule; un temps où il faisait au Groenland une chaleur insupportable au mois de janvier.

Si vous nous demandiez, par exemple, le comment et le pourquoi de toutes ces choses, nous serions fort embarrassés, mais nous nous tirerions d'affaire en vous répondant : Dame ! c'est comme cela !

Il est évident que, d'après le système de M. Gaudry, les bêtes du pays de Montreuil étaient douées d'une constitution exceptionnelle. Ainsi, celles de la première phase climatérique attendirent patiemment au fond de la rivière, sans se laisser entraîner ni décomposer, l'arrivée des bêtes de la seconde époque, lesquelles se joignirent aux premières pour attendre celles de la troisième période, et ainsi de suite.

Ce qu'il y a de fâcheux, c'est que les bêtes de nos jours ne soient pas aussi heureusement constituées. Il s'en noie journellement une certaine quantité, sans compter les animaux morts, qu'on jette de temps à autre dans la Seine ou dans la Marne. Cependant, jamais les machines à draguer ni aucun pêcheur n'en ramènent à l'état de squelette pétrifié.

M. Gaudry ne prétend pas — et pour cause — expliquer la présence parmi ces fossiles, de blocs de pierre meulière, pas plus qu'il ne recherche d'où proviennent les cent mètres de terrain quaternaire — disposés là par couches composées de terres arables, de conglomérats ferrugineux ou de grandes et épaisses tablettes de fer, de gypses, de sables, de calcaires, de craies vertes ou jaunes — recouvrant la prétendue rivière et ses environs, ainsi que le bassin de Paris.

En admettant même la possibilité de phases climatériques variables sous une même latitude, cela n'expliquerait pas cet amoncellement de pierres et terres diverses mêlées aux débris d'animaux de tous pays et de toute provenance réunis dans une sépulture commune.

Pourquoi, au lieu de poursuivre des chimères, ne pas admettre tout simplement la seule explication plausible?

Les courants diluviens précipités d'un côté, revenant sur eux-mêmes, se heurtant les uns contre les autres du midi au nord et de l'est à l'ouest, entraînaient dans leur course folle les corps de toute nature et de tout genre, animaux, végétaux et même minéraux; puis, arrivés à un temps d'arrêt et à un point d'intersection quelconque, ces débris s'engouffraient par un puissant remous au fond des cavernes et des abîmes où on les retrouve encore après des siècles écoulés.

N'est-il pas incontestable que le bassin de Paris a dû former l'un de ces points d'amoncellement?

Il ne reste donc rien des affirmations de nos contradicteurs en ce qui concerne l'immersion du globe et les diverses évolutions climatériques qu'il aurait, suivant eux, traversées.

Il est impossible qu'il ait subi au même point et alternativement des périodes torrides et des périodes glaciaires, car la place immuable qu'il occupe dans le système sidéral le préserve de toute variation de ce genre.

Il est impossible que le globe ait été immergé par la simple élévation des eaux de la mer, parce que, étant donnée sa forme sphérique, il n'y aurait assez d'eau ni dans la mer, ni même dans l'atmosphère pour effectuer une semblable immersion.

Il est impossible d'expliquer autrement que par le déluge biblique, tous les désordres et tous les bouleversements que nous remarquons à la surface du globe. La confusion entre les divers règnes de la nature — minéral, végétal, animal — que signalent toutes les recherches géologiques; la réunion sur un même point des objets les plus divers, de toute provenance et de toute latitude, — puisqu'on rencontre les plantes alpestres à côté des algues marines, les poissons parmi les bêtes terrestres, les coquilles de l'Océan sur la crête des montagnes, etc., etc., — démontrent péremptoirement qu'il y a eu un bouleversement général du globe et que ce bouleversement n'est autre chose que le déluge de la Bible.

CHAPITRE IX

Époques préhistoriques

Aveuglement des géologues. — Un bon fil conducteur. — Le vrai sens du mot Jour de la Bible. — Le souffle divin fécondant le monde. — Une période d'agencement. — Apparition de la vie végétative. — Un cataclysme probable. — La création des astres. — Poissons et oiseaux. — Animaux terrestres. — L'homme roi de la Création. — Opinion de sir Darwin. — Concordance du récit biblique et des recherches géologiques. — Objections faciles à réfuter.

Il est des géologues dont on ne saurait contester ni la science, ni la sincérité. Cependant, ils se refusent à admettre que le déluge suffise à expliquer les phénomènes que présente la surface du globe.

Est-ce, de leur part, pur et simple aveuglement?

Non, mais ils veulent chercher bien loin le fil conducteur qui est à leur portée, et à défaut duquel ils s'égarent dans un labyrinthe inextricable.

Qu'ils ouvrent donc la Bible; qu'ils la lisent attentivement et sans prévention, et dès les premières pages, ils verront la voie s'ouvrir largement devant leurs investigations.

Ils nous permettront de leur servir un instant de guide.

Quand Moïse parle des six jours de la création, il n'entend pas naturellement désigner des périodes exactes de vingt-quatre heures.

Ainsi, dès le début, il en marque trois dont la longueur ne peut être déterminée par une révolution sidérale, puisque les astres ne sont pas créés, ou ne distribuent pas encore la lumière.

Sous sa plume, le mot jour est donc une expression générale qui tout en se répétant six fois, s'applique à des périodes diverses, soumises à des conditions différentes, et ayant entre elles des dissemblances notables.

La même observation doit être faite à propos des mots matin et soir.

Ils signifient, dans un sens plus étendu que leur acception propre, commencement et fin.

Les expressions de la Vulgate sont trop absolues pour être prises à la lettre, mais celles du texte original sont plus larges.

On ne peut dire, par exemple, quelle a été la durée exacte de la première période. A-t-elle duré mille ans ? dix mille ans ? cent mille ans ? des millions d'années ? toutes les hypothèses à ce sujet sont permises.

Ces époques, répétons-le, ne sont pas nécessairement de la même durée, car, avant l'existence du temps, qui est la mesure de la durée, il ne pouvait s'agir de durée.

On le voit déjà, les géologues ont, même avec l'assentiment de la Religion, un vaste champ pour l'arrangement de leurs systèmes sur la matière inorganique.

Mais quant à ceux qui veulent dépasser cette limite, se substituant, pour ainsi dire, au Créateur, nous les prierons de répondre aux deux questions suivantes :

1° Y a-t-il différence de substance à substance, ou différence d'arrangement entre matière e matière ?

2° Où commence la divisibilité de la matière ?

Suivant l'auteur de la Bible, les hébraïsants traduisent non pas « *Au commencement* Dieu créa le ciel et la terre, » mais bien : « *Lorsque* Dieu créa le ciel et la terre. »

La terre fut d'abord un chaos informe et ténébreux que le souffle divin féconda ; puis Dieu dit à la fin : « Soit faite la lumière. » Et la lumière exista.

Tel fut le premier jour qui eut un commencement et un terme.

Le souffle divin *fécondait* aussi les eaux : *Spiritus Dei ferebatur super aquas*. Le mot hébreu traduit par fécondait, signifie dans le texte, une incubation.

Une remarque à ce sujet :

Les papiri égyptiens, aussi anciens que la Bible, représentent également cette incubation, mais sous l'image de Knef couvant l'œuf du monde avant son éclosion.

La première période eut donc son matin et son soir, c'est-à-dire son commencement et sa fin. On ne peut dire qu'elle dura vingt-quatre heures puisqu'il n'y avait pas encore d'heures, mais la fin de cette période marque la transition à une seconde époque qui devait nécessairement être en progrès sur la première.

Le second jour fut une période d'agencement où les éléments prirent chacun leur place. Dès lors, il y eut de la terre, de l'air, de l'eau, des pierres et des métaux. Combien de temps dura ce travail d'agrégation ? Dix mille ans, cent mille ans, si l'on veut. Toutes les hypothèses sont admissibles.

Au troisième jour, la vie apparut, mais seulement la vie végétative ou initiale. La terre se couvrit d'arbres et de plantes de toutes sortes. Il n'y a pas encore à se demander ce que dura cette période, puisque les astres n'existaient pas.

Sur ce point, nous nous permettrons d'invoquer le témoignage des géologues eux-mêmes.

Ne sont-ce pas, en effet, des débris de végétaux exclusivement, c'est-à-dire sans aucun mélange de vestiges d'êtres animés, que l'on rencontre aux dernières limites des explorations faites dans l'écorce du globe?

On nous objectera peut-être que l'existence de ces débris à de pareilles profondeurs dénote nécessairement qu'un cataclysme les y a ensevelis.

Pareille supposition est très admissible.

Cette période, dit la Bible, eut son terme. *Et factum est vespere et mane dies tertius.*

Remarquons en passant que ces mots : *factum est*, ne se rapportent pas à *dies*. Ce qui est bien une nouvelle preuve que les expressions de soir et matin ne représentent pas l'idée que nous y attachons actuellement.

Du reste, voici à ce sujet un témoignage que personne ne saurait récuser, non pas tant à cause de la valeur scientifique de l'auteur, que pour la clarté de son exposé. C'est celui de Boucher de Perthe (1).

« Les formes organisées les plus anciennes, celles dont on rencontre les traces à la plus grande profondeur, sont les formes végétales.

« Viennent ensuite les conferves, les mollus-

1. *Hommes et Choses*, art. *Êtres primitifs*.

ques, espèces dont l'organisation semble encore indécise.

« Après, paraissent des formes lenticulaires, des bélemnites, des huîtres, des ammonites, des coquilles de toute nature.

« Aux coquilles, vers et insectes marins succèdent des êtres plus complètement organisés, des poissons, des reptiles, des sauriens, des cétacés, des ruminants.

« Les débris des animaux carnassiers, quadrupèdes, oiseaux de proie, enfin de ceux qui vivent exclusivement de chair ou de nourriture animale, ne se trouvent qu'à la surface : on en conçoit la cause.

« Quant aux restes humains, c'est seulement dans les terrains tertiaires qu'on en aperçoit les premières traces ; encore ne consistent-elles qu'en silex travaillé de main d'homme. Mais il n'est pas douteux qu'un jour, on ne rencontre dans ces terrains des ossements humains fossiles. »

La surface du globe est couverte de fragments de silex semblables à ceux que notre auteur s'imagine être des œuvres de main d'homme. Ils ont été écrasés et ensevelis par les convulsions géologiques. Lors même que l'on trouverait des ossements humains dans ces couches profondes, cela ne prouverait pas grand' chose, car on a fait des découvertes autrement importantes et probantes dans les hautes cavernes des montagnes.

Mais pardon de cette digression et revenons au texte de la Bible.

Au quatrième jour de la création commence la division du temps, et même ce qu'on appelle le temps, car, au firmament, les astres viennent en diviser la durée par jour, par nuit, par année. L'auteur biblique dit alors : *Fiant luminaria... et sint in signa et tempora et dies et annos.* Il continue néanmoins d'employer l'expression de jour comme avant la naissance du temps, mais en spécifiant que chacun de ces jours a son terme.

Le soir de ces jours, qui ont désormais un soleil, ne serait-il pas la même chose que le soir de ceux qui n'en avaient pas, c'est-à-dire la vieillesse d'une longue période suivie d'un cataclysme final ?

Nous voici arrivé au cinquième jour ou plutôt à la cinquième période au cours de laquelle la vie animale fait son apparition : les poissons naissent au sein des eaux, les oiseaux s'élancent dans les airs.

C'est au commencement du sixième jour que furent créés les animaux terrestres de toute espèce. Puis, à la fin de ce même jour, Dieu créa l'homme. L'œuvre divin se trouvait parachevé. *Igitur perfecti sunt cœli et terra.*

Ce fut le point de départ de la période du règne de l'homme sur toutes les choses créées, période qui dure encore aujourd'hui et qui ne finira qu'à la consommation des siècles. Alors ce sera l'élément igné qui opérera la rénovation.

Si, pour appuyer notre argumentation, nous citions les paroles de l'apôtre saint Pierre, quelques-uns de nos lecteurs souriraient peut-être de pitié. Nous préférons les inviter à étudier les antiques traditions recueillies par la *Volu Spa*. Ce magnifique tableau mérite de fixer l'attention des esprits les plus prévenus.

Mais nous nous égarons.

Ne nous occupons pas tant de l'avenir et revenons aux recherches rétrospectives qui font l'objet de cette étude.

Par extraordinaire, nous nous rencontrons avec sir Darwin et nous disons avec lui, quoique dans un sens beaucoup plus large :

« L'évolution est la loi du monde pour les œuvres divines comme pour les œuvres humaines. Chaque chose a son matin, son midi, son déclin et son terme. Chacune ne vit qu'un jour, bien que les jours ne soient pas de la même longueur. »

Sachons donc étudier et pénétrer le langage philosophique et divin de Moïse, le porte-parole de Dieu. Si nous arrivons à en comprendre le véritable sens, tout le bénéfice à en retirer sera pour nous.

Que de figures, que de paraboles dans l'Ecriture Sainte dont la signification réelle ne nous est point encore dévoilée !

Mais ce qui est très certain et ce que tout esprit de bonne foi reconnaîtra comme nous, c'est que les découvertes des géologues, loin de contredire le récit biblique, le corroborent pleinement.

C'est bien dans l'ordre indiqué par la Bible que se trouvent classés les résultats des fouilles géologiques des savants, savoir : les débris humains à la surface, les débris des animaux plus profondément ; ensuite les débris des oiseaux et des poissons ; puis, en dernier lieu, les débris des végétaux.

Sans doute le déluge, tel que Moïse nous le raconte, a dû produire un formidable bouleversement, mais seul il ne saurait suffire à expliquer cet ordre qu'on retrouve partout au milieu du désordre.

Les prétendues découvertes de la science ne sont pas plus concluantes, et il faut en revenir malgré tout au récit de la Genèse, le seul rationnel.

Ici on nous fait diverses objections :

1° Dieu, dit-on, ne serait pas sage de créer pour détruire.

Nous ne répondrons qu'un mot : toute matière créée a un terme; c'est la loi universelle et bien osé serait celui qui se révolterait contre cette loi imposée par le Créateur.

2° Comment peut-on dire que les astres ne furent créés que le quatrième jour, puisque c'est d'eux que nous vient la lumière? L'équilibre des mondes n'aurait donc pas existé?

Voici notre réponse :

La lumière astrale est un effet dont l'action peut être suspendue sans que l'équilibre général en soit affecté.

Un évêque catholique d'Irlande, Mgr Clifford, dans un ouvrage récent intitulé *Les jours de la semaine et les œuvres de la création*, trouve un moyen commode de concilier toutes les opinions.

Il prétend que les trente-quatre premiers versets de la Bible ne sont pas le récit de la création, mais bien un hymne composé par Moïse en correspondance et en opposition avec les chants égyptiens sur le même sujet, et qu'il n'y a conséquemment nulle chronologie à en déduire.

Nous n'acceptons cette opinion que sous bénéfice d'inventaire. D'abord nous ne connaissons point ces cantiques égyptiens, puis, nous le répétons, les études géologiques retrouvent les êtres organisés, dans l'ordre indiqué par Moïse, ce qui est autrement affirmatif qu'un cantique.

Du reste, Mgr Clifford fait lui-même remarquer que le mot *yôm* traduit par *dies*, dans *la Vulgate* signifie également temps, durée, époque.

Donc les onze premiers chapitres de la Genèse sont évidemment des bouts de chroniques rassemblés par Moïse et donnés sous sa foi d'historien sacré.

CHAPITRE X

Les grottes souterraines

Deux catégories de savants. — Grottes artificielles. — Grottes naturelles. — Les adorateurs d'Adonis. — Les fêtes de Mithras. — Souvenirs plus vénérables. — Encore les troglodytes de la Vézère. — Les anthropoïdes sculpteurs. — Figures allégoriques. — — L'Ictus. — Le bouc émissaire. — Le Nohestan. — Le Behemoth. — L'*hinnulus cervorum*. L'agneau pascal. — Signes de ralliement des premiers chrétiens. — Les troglodytes du Nord et de l'Orient. — Saint Jérôme et les dames romaines.

Ainsi que nous l'avons déjà vu, les savants, dans leurs études et leurs recherches multiples, se sont toujours beaucoup occupés des grottes et des cavernes.

Mais il y a deux catégories de savants : Ceux qui ont le véritable amour de la science et ne déduisent leurs conclusions qu'après un examen attentif des questions à eux soumises; ceux, au contraire qui n'étudient qu'avec le parti pris de tirer de leurs travaux la confirmation de systèmes préconçus.

Les premiers ne sont pas infaillibles, certes,

mais on peut dire que les autres se trompent presque toujours.

Examinons donc d'abord, avec impartialité et en nous appuyant sur des témoignages historiques, ce qu'étaient les grottes artificielles, *speluncœ*, que l'on creusait autrefois comme asiles funéraires.

Les auteurs ecclésiastiques des quatre premiers siècles de l'ère chrétienne nous parlent de trois sortes de sépultures faites, savoir : 1° *Sub tumulo*, dans ou sous un tumulus; 2° *In sarcophago*, dans un sarcophage; — on en trouve, chacun le sait, des centaines de ce genre autour des Laures de l'Orient et de l'Occident, ainsi que dans les lieux de dévotion; 3° *In spelunca*, dans une grotte. On s'explique la prédilection des chrétiens pour cette sorte de sépulture qui leur rappelait le divin Rédempteur.

L'usage des champs mortuaires connus sous le nom de cimetières ne date que du cinquième siècle. Ces champs se trouvaient primitivement auprès des monastères.

Quant aux grottes naturelles, elles servirent d'asiles en maintes circonstances à des personnages de valeur très diverse.

Ainsi, dès le sixième siècle avant l'ère chrétienne, le prophète Ézéchiel nous apprend qu'elles abritaient les adorateurs d'Adonis (1).

1. *Des Adonidies*, cap. VIII.

Plus tard, l'empereur Adrien, au premier siècle de notre ère, transforma en un sanctuaire d'Adonis la grotte de Bethléem qui resta ainsi profanée jusqu'à la venue en Judée de sainte Hélène, mère de l'empereur Constantin.

Mais si les adorateurs d'Adonis ne laissèrent que peu de traces de leur passage dans les grottes, il n'en fut pas de même de leurs successeurs, les adorateurs de Mithras.

Ces derniers se perpétuèrent jusqu'au sixième siècle de notre ère, et même jusqu'au neuvième, ainsi que le constatent un sermon de saint Eloi, évêque de Noyon, sur les superstitions, et le Capitulaire de Charles le Chauve (1).

Les fêtes de Mithras, qui se passaient en secret, étaient le plus souvent accompagnées d'un festin qui se composait de viandes de taureaux, de coqs et de bêtes fauves consacrés au dieu de la débauche.

Cela explique les amas de cendres et de charbon que l'on retrouve dans certaines grottes, mêlés à des débris d'os fendus ou brisés. Nos chercheurs modernes prétendent même découvrir sur ces os la trace du couteau qui les gratta pour en extraire la moelle.

Il est tout probable que beaucoup de ces festins,

1. S. Fortunat, *Vie de saint Pair*. — *Indiculus superstitionum*.

pris par nos prétendus savants pour des repas d'anthropoïdes d'il y a cent mille ans, ne remontent pas au delà des douzième et treizième siècles de notre ère, époques auxquelles les Albigeois, les Piffres, les Trivardins, les Patarins, les Publicains, les Catares, et autres sectaires de mauvaises mœurs se réfugiaient dans les grottes pour s'y livrer à leurs festins et à leurs débauches de toute sorte. *Hi dicebant homines percare super terram ut ait scriptura sacra non autem subtus.*

Outre les traces de leurs détestables agapes, ces misérables ont abandonné dans ces antres les ossements de quelques-uns des leurs jugés, tués et enfouis sur place.

Mais, vers les second et troisième siècles de notre ère, les chrétiens laissèrent dans les grottes des souvenirs plus vénérables, ainsi que nous avons déjà eu occasion de le faire remarquer à propos des troglodytes de la Vézère.

Pourtant nos modernes savants n'ont rien compris au résultat des fouilles opérées dans ces lieux, et voici ce que dit à ce sujet l'un des plus célèbres, Paul Broca, dans son livre intitulé : *Les Troglodytes de la Vézère :*

« L'existence des hommes qui habitèrent ces cavernes remonte à une antiquité effrayante.

« Nous ne savons pas leur nom, aucun historien ne les ayant mentionnés : Ce n'est ni par années, ni par siècles, ni par milliers d'années qu'on peut mesurer ces périodes immenses; ce n'est pas en chiffres qu'on peut exprimer les dates. »

Eh bien ! nous n'éprouvons, nous, nul embarras pour expliquer ces choses inexplicables.

Ces prétendus troglodytes, qui vivaient, dit-on, il y a des millions d'années, n'étaient autres que des chrétiens qui se cachaient. Les ébauches de gravures sur os ou sur ivoire qu'ils nous ont laissées, ébauches fort primitives, car la plupart du temps elles étaient faites au couteau. étaient tout bonnement des signes distinctifs de leur état de chrétiens, et leur servaient de titres de reconnaissance auprès de leurs coreligionnaires se réfugiant comme eux dans les grottes.

En retrouvant ces sculptures grossières, nos savants partent encore en guerre et nous affirment gravement que ce sont des gravures sur bois de renne et sur défenses de mammouth, au lieu de reconnaître simplement qu'il s'agit d'ivoire ou de bois de cerf. Il est vrai que cette interprétation vient merveilleusement corroborer leur thèse, car le mammouth, disent-ils, ayant disparu de nos contrées à une époque préhistorique, et le renne ayant émigré il y a, pour le moins, trente mille ans, ces vestiges de sculpture étaient l'œuvre de singe en passe de devenir des hommes, mais qui, ne connaissant pas encore l'art de la maçonnerie, habitaient ces cavernes.

Dans son traité de l'homme préhistorique, sir John Lubbock décrit six de ces antiques et grossières sculptures, mais naturellement, il ne parle ni de l'usage auquel elles étaient destinées, ni du sens mystérieux qui y était attaché, car, pour s'expliquer cela, il faut posséder à fond l'histoire de l'Eglise à l'époque des persécutions. Or, on sait que c'est la chose dont s'occupent le moins les admirateurs et les inventeurs des temps préhistoriques.

La première de ces sculptures représente un Ictus, la seconde un bouc émissaire, la troisième un Nohestan, accompagné de nombreux Ictus, la quatrième un Béhémoth, la cinquième un Hinnulus-Cervorum, la sixième enfin, un Agneau pascal.

1° L'Ictus, dont nous donnons ci-dessous la figure (1), a la forme d'un bar et est réellement un sigle, ΙΧΘΥΣ, poisson. Lisez Ιησους Χιστος Θεου Υιος Σοτηρ, Jésus-Christ, fils de Dieu, Sauveur.

Les personnes riches faisaient représenter un Ictus sur la porte de leur demeure, afin d'indiquer aux initiés qu'ils trouveraient chez eux l'hospitalité. C'est ce qui a fait dire à quelques mauvais plaisants que les adorateurs du crucifié étaient des ictyophages.

2° Le bouc émissaire était une figure prophétique de Jésus-Christ. On trouve son image sculptée à profusion dans les églises romanes, surtout aux chapiteaux. Ceux qui ont quelque

1

peu étudié l'Histoire Sainte savent ce qu'était le bouc émissaire. Quand, après avoir été chargé des péchés du peuple, couvert de malédictions et chassé dans le désert, il rentrait dans Jérusalem, c'était un signe de grands malheurs pour la nation juive. On le représentait ainsi (2) :

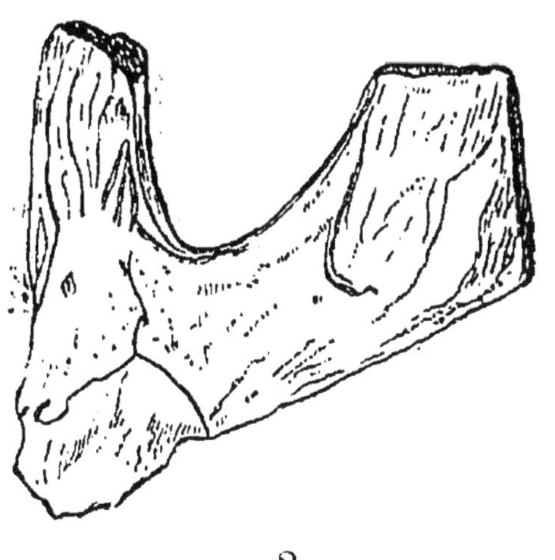

2

3° Nohestan est le nom du serpent d'airain élevé par Moïse dans le désert. C'était encore une figure prophétique de Jésus crucifié pour le salut du monde, et on le représentait sous la forme suivante (3) :

4° Béhémoth est le nom donné à l'éléphant

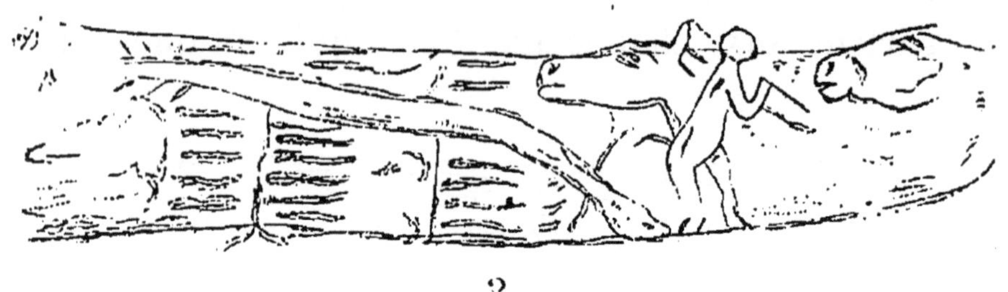

3

image de la force de Dieu. Ce mot est un pluriel emphatique pris pour Béem, de même qu'Elohim est pris pour Ell, au commencement de la Genèse. En voici la figure (4) :

5° Le jeune cerf, est *hinnulus cervorum*, encore une figure de Jésus-Christ. Au cantique des cantiques, l'église chrétienne, figurée par l'épouse mystique, s'écrie : Mon bien-aimé est pareil au jeune cerf qui franchit en bondissant les collines et les montagnes (1).

Cela se rapporte évidemment à la rapidité des conquêtes du Christianisme.

Dans la gravure que nous reproduisons ici (5), nous voyons le jeune cerf, qui est un randier, renverser du bâton d'une croix reposant sur son épaule, une multitude d'autres cerfs.

6° Enfin, la signification de l'Agneau pascal, représenté ci-dessous (6) et que nos savants ont

1. Cant. II, 9.

10

pris pour un manche de poignard, n'a pas besoin d'être expliquée plus longuement. Le porteur

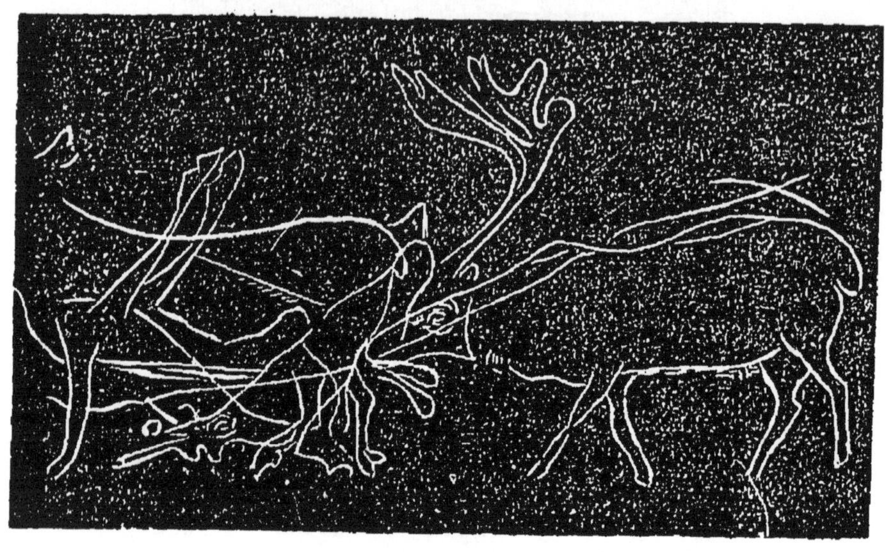

5

de ce symbole de ralliement était très probablement un juif converti au Christianisme.

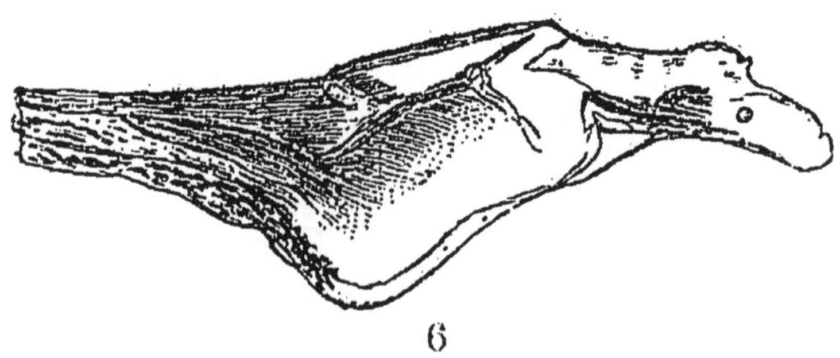

6

L'histoire ecclésiastique nous apprend, en effet,

qu'au temps des persécutions, tout nouveau converti devait être muni d'un signe de reconnaissance pour arriver jusqu'au prêtre ou au pontife caché chargé de lui administrer le baptême. C'est ainsi que les deux frères Valérien et Tiburce, chevaliers romains convertis par sainte Cécile, reçurent de ses mains certains signes mystérieux leur donnant accès auprès du pape saint Urbain qui se cachait aux environs de Rome, pendant la persécution d'Alexandre Sévère.

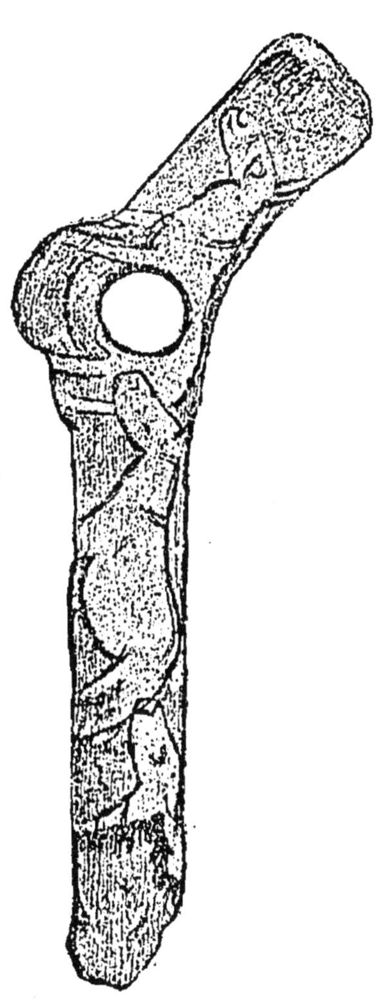

7

Avant d'être admis dans l'assemblée des fidèles, tout étranger devait alors justifier de sa foi, de même que toute église lointaine, qui envoyait à une église sœur des eulogies en signe de communion, donnait à son messager un signe de reconnaissance pour éviter les trahisons et les ruses des païens.

Voilà donc ce qu'étaient les signes des grottes de la Vézère. Ils avaient été, on le voit, judicieusement choisis, ils ne datent pas de trente mille ans, mais ils sont néanmoins fort respectables, car ils remontent très probablement au temps des persécutions dont saint Pothin et Saint Irénée furent, à la fin du second siècle, les glorieuses victimes, à Lyon.

Outre ces sculptures, sir John Lubbock, s'occupe longuement de deux autres figures dont nous donnons ici le dessin (7 et 8). Il prétend que ce sont des bâtons de commandement de capitaines de régiments d'anthropoïdes.

L'explication pourrait être plus ingénieuse.

Quant à nous, sans rien affirmer catégoriquement, nous croyons que la figure 7, par exemple,

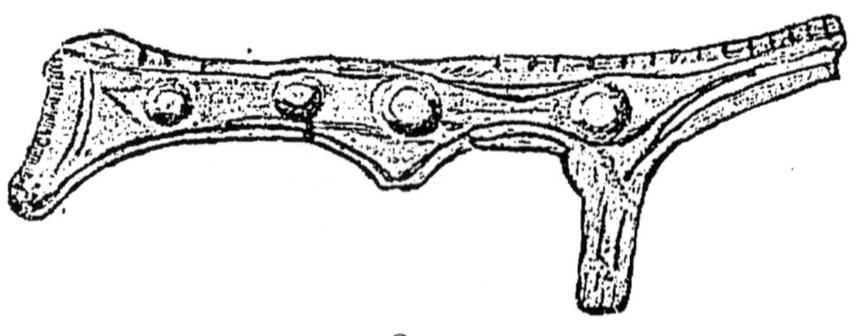

8

représenterait assez exactement une traduction des versets 2, 4 et suivants du 6e chapitre de l'Apocalypse, d'autant mieux que le Nohestan est accompagné de chevaux et de nombreux Ictus.

N'avons-nous pas suffisamment établi que les prétendus troglodytes de la Vézère étaient des chrétiens en chair et en os, se réfugiant momentanément dans les grottes pour se mettre à l'abri des persécutions ?

Mais un mot encore au sujet de ce mot troglodyte, dont usent et abusent nos contradicteurs.

Et d'abord, il existe encore, il existera toujours parmi les hommes des troglodytes, mais ce ne sont pas nécessairement des sauvages, ni des apprentis en fait de civilisation.

Les habitants de l'extrême Nord de notre globe sont forcément troglodytes, à cause des neiges perpétuelles qui recouvrent leur pays.

En Orient on trouve encore des troglodytes, mais ceux-là le sont en quelque sorte, par goût et par habitude. Les habitants de ces contrées se creusent au flanc des collines des cavernes au sein desquelles ils jouissent d'une température plus tiède en hiver, plus fraîche en été.

Saint Jérôme lui-même, pendant ses longs séjours en Palestine, fut troglodyte. Sainte Paule, sainte Eustochie et les dames romaines qui, sous leur direction, formaient une sorte de communauté, étaient également troglodytes.

La ville de Nazareth est en partie creusée dans

le roc, et le village de Siloam, aux portes de Jérusalem, se compose presque exclusivement d'habitations souterraines.

CHAPITRE XI

Habitations lacustres

Découvertes faites dans les lacs de la Suisse. — Des pilotis ? Fi donc ! — Toujours cent mille ans. — Os de vache ou de primigenius. — Meules d'un nouveau genre. — Etoffes en jonc. — Grain torréfié. — Trouvailles mirobolantes. — Une douche de bons sens. — Les pierriers du quatorzième siècle. — Haches de silex ou pierres à fusil ? — Granges et refuges des Helvétiens. — Deux siècles de luttes. — Les Pœniens du lac Prasias. — La pêche à la morue avant l'an 1500. — Les côtes du Jutland et de Terre-Neuve. — Les dépôts d'immondices ou djokken-moddings. — Des savants au cœur solide. — Avec un peu d'imagination tout devient vénérable. — Le côté faible de nos illustres docteurs.

Il est une question sur laquelle nos modernes savants ont longuement dissserté et divagué, et que nous ne pouvons nous dispenser d'aborder. Nous voulons parler des habitations lacustres de la Suisse.

Pendant l'hiver de 1853, la surface des lacs de la Suisse ayant baissé considérablement de niveau par suite d'une congélation extraordinaire des eaux, on découvrit sur d'assez vastes espaces des constructions en pilotis.

Cette découverte excita un grand émoi parmi les savants, et l'on procéda à des recherches plus approfondies. On constata alors l'existence de plus de deux cents groupes de constructions du même genre, soit vingt dans le lac de Bienne, vingt-quatre dans le lac de Genève, trente-deux dans le lac de Constance, quarante-neuf dans celui de Neufchâtel, etc., etc.

Mais nos pseudo-savants cherchèrent encore dans cette découverte de nouveaux arguments en faveur de leurs systèmes préconçus.

Des pilotis au milieu des lacs! c'était trop simple en vérité.

On écrivit : habitations lacustres devant remonter à plus de cent mille ans, parce que, nous raconte-t-on, il fut un temps où les humains, encore imparfaitement armés et outillés, n'osaient séjourner sur la terre ferme de peur des bêtes féroces.

Et ne vous avisez pas de nier cela, s'écriait-on; c'est incontestable, et nous allons vous en donner des preuves indéniables. Tenez, voici des morceaux de fer rouillé qui appartiennent à l'âge de fer, soit trente mille ans; voici des morceaux de bronze remontant à l'âge de bronze, soit quarante mille ans; voici encore des fragments de silex appartenant à l'époque néolithique, soit soixante et peut-être même cent mille ans !!! Et ces pilotis, malgré le temps prodigieux écoulé depuis leur installation, comme ils sont merveilleusement conservés ! ajoutait-on.

Et alors, de fil en aiguille, poursuivant leurs recherches, nos savants nous présentent des fragments de grossière poterie en nous déclarant qu'ils remontent à une époque où le tour à potier n'était pas encore inventé.

Puis voici des os de bœuf ou de vache... non, pardon, des os de *urus, taurus primigenius, bos brachiceros, taurus frontosus*. Ces os, il est vrai, ont probablement bouilli avec la viande qui les garnissait. On en trouve qui ont été fendus pour en extraire la moelle et quelques-uns portent encore la trace des couteaux avec lesquels on les gratta.

Bah ! qu'importe ? Nos savants leur assignent quand même une origine de trente mille ans pour le moins.

Il y a aussi des os de porc dans le même état, mais on les range dans la catégorie des *suscrofa ferus, sus palustris, sus crofa domesticus*.

Ah ! voici des boules de pierre ayant de trois jusqu'à six et sept pouces de diamètre. A quoi cela pouvait-il servir ?

A moudre le grain, répondent nos savants.

Voici encore un pieu dont l'entaille est fort grossière, ce qui dénote indubitablement que l'entaille a été faite avec une hache de pierre. Cela est d'autant plus certain, ajoute-t-on, qu'on a recueilli des milliers de haches en silex ayant de un à six pouces de longueur sur quinze à vingt lignes de largeur, notamment à Wangen, sur le lac de Constance, et à Concise, sur le lac de Neufchâtel. Ces haches auraient été attachées à leurs manches avec du bitume.

Franchement, il faut plus que de l'audace pour prétendre qu'on peut travailler un chêne avec des haches en silex de trois centimètres collées à leurs manches avec du bitume.

On a trouvé, toujours dans ces mêmes parages, des pièces d'étoffe en tissus de jonc et peut-être de roseaux ; des pains ou galettes d'un pouce à quinze lignes d'épaisseur, ce qui prouve en passant, que les sauvages de ce temps-là ne connaissaient pas encore l'usage du levain.

On y a rencontré aussi des objets de bronze parfaitement conservés, notamment, à Cortaillod, une paire de bracelets paraissant sortir de la boutique d'un joaillier ; d'immenses tas de grains qui semblent avoir été soumis à l'action du feu pour en assurer la conservation ; de grandes quantités d'épis, surtout de l'orge à six rangs, (*hordeum hexastichon*), dont les grains adhèrent encore à la balle; du froment d'Egypte (*triticum turgidum*); des roulettes en poterie ayant dû servir aux tisserands; des croissants également en poterie ayant dû servir d'oreillers.

Mais, ce qui n'est pas moins merveilleux, c'est que d'après M. Troyon, sur l'emplacement de tant de villages dont quelques-uns ont dû compter plusieurs centaines d'habitants et d'autres même jusqu'à douze cents, on n'ait recueilli que quatre squelettes ou fragments de squelettes d'adultes, et deux d'enfants.

Sir John Lubbock en conclut que ceux qui soutiennent que ces habitations lacustres remontent pour la plupart à l'âge du bronze, où il était d'usage de livrer les cadavres à la crémation, pourraient bien avoir raison (1).

Maintenant que nous avons exposé les théories chères à nos contradicteurs, on nous permettra bien de présenter à notre tour quelques observations.

Et d'abord ces Messieurs rendraient un immense service aux gens studieux en leur indiquant le moyen de discerner les os de bison, de taureau *primigenius*, de bœuf *brachiceros*, soit entre eux, soit avec ceux d'une vache espagnole ou bretonne, et cela surtout trente mille ans après

1. Sir John Lubbock, ch. VI, p. 160.

que lesdits os auraient été cuits avec la viande qui les garnissait, grattés, cassés et mis en miettes.

La même question s'applique naturellement aux os de porcs.

Par exemple, ce que nous admirons sans réserve, ce sont les trouvailles mirobolantes de ces Messieurs, telles que :

Moudre du grain avec des boules de pierre de la grosseur du poing ou de la tête;

Fabriquer et installer des pilotis avec des haches en silex grandes comme l'ongle du pouce, soudées à leurs manches avec du bitume.

Incendier le grain pour le mieux conserver;

Conserver aussi sans altération pendant trente mille ans au fond d'un lac, des épis d'orge ou de froment d'Egypte encore reconnaissables, bien qu'ils ne diffèrent point de ceux d'Europe.

Que dire aussi des étoffes en tissus de jonc ou de roseaux, des oreillers en poterie et autres merveilles de même acabit ?

Ah ! on voit bien que nous sommes au dix-neuvième siècle, époque de lumières et de découvertes épatantes.

Eh bien ! nous en demandons pardon à Messieurs les savants, mais nous ne recourrons qu'au plus vulgaire bon sens, nous ne nous appuierons comme toujours que sur les traditions historiques pour rétablir la vérité des faits à propos de ces habitations lacustres.

Il paraît d'abord que nos contradicteurs n'ont jamais vu de meules à moudre le grain. Autrement ils sauraient que ce sont des pierres plates pesant de dix à vingt-cinq mille livres, et qu'il faut repiquer à la pointe du marteau dès qu'elles commencent à se polir par le frottement. Les anciens en employaient de plus légères qui étaient mises en mouvement par des ânes: *Molæ asinariæ;* quelquefois même, ils se servaient de pierres moins volumineuses pouvant être mises en mouvement par deux femmes : *Duæ molentes in mola.* Mais une paire de ces pierres pesait encore au moins trois cents livres, ainsi qu'on peut s'en rendre compte par les spécimens qui figurent en si grand nombre dans la plupart des musées d'antiquités.

Quant à moudre le grain avec des boules de pierre, cela est absolument impossible.

Alors, nous demandera-t-on, à quel usage servaient ces boules?

La réponse est bien facile. Ce sont tout simplement des boulets de canon. Les canons dont on se servait alors s'appelaient des pierriers. Naturellement, il ne s'en fabrique plus aujourd'hui, mais on en peut voir encore, et il y en a un notamment au Mont-Saint-Michel. Construit en bandes de fer reliées avec des cercles également en fer, il fut laissé sur la grève par les Anglais, lors du siège, en 1434.

L'histoire nous apprend qu'un des premiers pierriers ou canons de ce genre a été forgé à Saint-Sauveur-le-Vicomte, en 1374, sous la direction de Duguesclin et de l'amiral Jean de Vienne. Un des premiers projectiles lancés par ce canon pénétra par une des lucarnes de la forteresse, et le gouverneur anglais en fut tellement effrayé qu'il rendit immédiatement la place.

On voit beaucoup de ces sortes de boulets dans les musées ; il y en a en grès, en brèches ferrugineuses et même en granit. Il en existe notamment à Mortain et à Condé-sur-Noireau, dont le château, pris par les Anglais en 1417, fut repris par les Français en 1449.

Quant aux prétendues hachettes en silex trouvées au fond des lacs de la Suisse, ce sont tout bonnement des pierres à fusil. Nous avons déjà expliqué qu'on en employait de diverses grandeurs et formes suivant la grosseur des armes auxquelles elles étaient destinées. Les chiens des anciens fusils exigeaient des pierres pointues en avant avec bassinets en arrière (1).

Les objets baptisés du nom d'étoffe de jonc ou

1. On trouve la description d'une collection de ces curieux fusils dans les *Military antiquities*, de François Grose, 2 vol. in-8°. London, 1812.

de roseaux étaient tout simplement des nattes qu'on étendait sous le grain pour l'empêcher de tomber à l'eau entre les fentes des planchers.

Le grain plus ou moins torréfié n'est bon à rien, et les animaux eux-mêmes le refusent comme nourriture.

En résumé, les habitations lacustres ne sont ni plus ni moins que des granges, des greniers ou des fenils élevés sur les eaux pour mettre les grains, les récoltes et les fourrages à l'abri du pillage et de l'incendie.

Quelquefois aussi, en cas de guerre, ces constructions servaient de refuge aux femmes et aux enfants.

Il en fut ainsi notamment pendant les deux siècles de luttes que les habitants de l'Helvétie eurent à soutenir de 1307 à 1513, contre les ducs d'Autriche d'abord, ensuite contre leurs propres seigneurs, et enfin contre les ducs de Bourgogne.

A différentes reprises, ces derniers lancèrent sur les lacs des brûlots qui incendièrent les constructions lacustres. Cela peut expliquer la torréfaction du grain retrouvé de nos jours.

Quant aux objets de cuivre et autres débris existant au fond de l'eau, comme ils ont pu se perdre par suite de mille circonstances fortuites, il n'y a réellement pas lieu d'y attacher de l'importance. L'Océan en recèle d'autrement précieux et en bien plus grande quantité.

Après les guerres, on continua de se servir des habitations lacustres qui subsistaient encore. Mais il ressort de tout cela que les plus vieilles de ces habitations ne remontent pas au delà de 600 ans.

Du reste, les habitants de l'Helvétie ne sont pas les premiers à avoir construit des refuges ou habitations lacustres pour se mettre à l'abri des invasions ennemies.

Hérodote, en son livre V, chap. XVI, raconte que le général persan Mégabise ne put soumettre les Pæoniens du lac Prasias, parce qu'ils s'étaient bâtis, au-dessus des eaux, des demeures établies sur pilotis, auxquelles on ne parvenait que par un pont très étroit. Il ajoute qu'ils attachaient leurs enfants par le pied, de peur qu'ils ne tombassent dans le lac par la trappe ménagée dans chaque domicile, et que, de plus, ils recueillaient avec eux de très petits chevaux auxquels ils donnaient comme nourriture les poissons du lac.

Nous allons maintenant prier le lecteur de nous suivre jusque sur les côtes du Danemarck, en se reportant, par la pensée, à quelques siècles en arrière.

Avant la découverte de l'île de Terre-Neuve,

en 1504, et la prise de possession de cette île par la France en 1524, les armateurs de Dieppe, de Saint-Malo, de Lorient et même de Bayonne, envoyaient des navires sur la côte du Jutland pour pêcher le cabillaud et la morue.

Arrivé à destination, l'équipage s'établissait pour le temps de la pêche sous des tentes ou sous des baraques, comme cela se pratique, du reste, encore à Terre-Neuve.

Il existe néanmoins une notable différence entre les côtes du Jutland et celles de Terre-Neuve.

Dans cette dernière contrée, la côte étant profonde, il est facile d'installer la baraque en partie sur l'eau, au moyen de quelques pilotis, et l'on pratique dans le plancher une trappe par laquelle les immondices tombent à la mer. Puis, la pêche se fait en bateau et à la ligne, de sorte qu'on ne ramène aucun débris étranger du fond de la mer.

Au Jutland, au contraire, la côte est plate et peu profonde, et la mer déferle davantage. Il fallait donc, de toute nécessité, établir le baraquement à une encablure au moins du rivage. Mais la pêche n'étant possible qu'avec le chalut et la seine, on ramenait inévitablement les galets, les coquilles et toutes les ordures que les filets rencontraient.

Pour obvier à ce dernier inconvénient, il n'y avait pas d'autres ressources que d'amonceler à terre, à côté de la baraque et avec les balayures provenant des logements, tous les débris de poissons et immondices de toute nature.

Ce procédé constituait une sorte de prise de possession de la grève où était élevé le baraquement et le même équipage y revenait chaque année.

A Terre-Neuve, les havres se tirent au sort entre les armateurs, et l'Amirauté en garantit à chacun la jouissance pour un nombre d'années déterminé.

La pêche étant beaucoup plus fructueuse et avantageuse sur cette dernière côte, le Jutland a été peu à peu abandonné. Mais les amas d'ordures laissés par les pêcheurs depuis plus de trois siècles constituent maintenant un excellent engrais qu'on appelle en langue danoise des *djokken moddings* ou balayures de cuisine.

Les savants, dans un langage plus recherché, donnent à ces détritus le nom de *kystfunder* ou amas cotiers.

On en compte encore actuellement quarante ou cinquante auxquels les fermiers du pays recourent à l'occasion. Les uns ont vingt mètres de longueur sur un mètre de hauteur. Quelques autres ont jusqu'à trois cents mètres de longueur sur un mètre cinquante de hauteur et plus de soixante mètres de largeur.

Eh bien ! qui le croirait ? C'est dans ces détritus de toute sorte, balayures de grève et de cuisine, débris de poisson, etc., que nos contradicteurs vont étudier les origines du genre humain.

Ils fouillent les tas en tous sens, et ils tombent en extase, s'ils rencontrent seulement une de ces billettes en os que les matelots emploient pour boutonner leurs cotillons de pêche.

Tout d'ailleurs, avec eux, devient précieux et vénérable, car, grâce à leurs ingénieuses suppositions, ils assignent au moindre objet quarante mille ou cinquante mille ans de date.

Par exemple, le silex conserve, là encore, le privilège de fixer spécialement leur attention, et à leurs yeux, le moindre fragment de cette pierre doit sortir des mains des anthropoïdes.

De simples vestiges de cendres et de charbons dans un foyer quelconque, excitent leur attendrissement.

Hélas ! l'inventeur des allumettes chimiques leur a joué un vilain tour.

Ces pauvres savants ne réfléchissent pas que les pêcheurs ne pouvaient vivre sans manger et, par conséquent, sans faire du feu pour cuire leurs aliments ou se réchauffer. Pour allumer le feu, il n'y a pas encore si longtemps, il fallait de toute nécessité se servir d'un fragment de silex, du briquet et de l'amadou, et l'on s'explique facilement alors la quantité prodigieuse de morceaux de silex rejetés par les matelots quand ils étaient brisés et mis hors de service par leurs gros briquets.

Mais pour se rendre compte de tout cela, il faudrait raisonner un peu et ce n'est pas le fort de nos illustres docteurs.

CHAPITRE XII

Antiquités modernes

Les celts de l'âge de bronze. — Une définition mal choisie. — De singulières haches. — Les celts de Normandie. — Bouterolles d'arcs. — La transformation de l'armement. — Les Anglais au Mont-Saint-Michel. — Les archers de Caen. — Autres spécimens de celts. — Les garnitures d'arc dans l'antiquité. — Découvertes faites à Herculanum. — L'antiquité du musée Kircherien. — Surprenant embarras de sir John Lubbock à ce sujet.

Dans leur rage de voir des antiquités partout, nos grands savants nous présentent des haches fabriquées, disent-ils, par les anthropoïdes de l'âge du bronze, et ils décorent pompeusement ces objets du nom de celts.

Or, ce sont purement et simplement des garnitures d'armes ne remontant pas à plus de six ou sept siècles.

Le mot seul de celt est assez mal choisi, car il ne dérive pas du grec, mais bien du latin et signifie burin. Ajoutons, d'ailleurs, que les nations celtiques n'ont jamais fait usage de semblables objets.

Ces prétendus celts se divisent en deux catégories :

Ceux de la première sont en fonte de cuivre et ont la forme de coins creux avec un anneau latéral. Leur longueur varie de dix à douze centimètres sur une largeur de trois à quatre. Parmi ceux-là, il en est dont le travail a été très soigné à la fonte, et qui sont même ornés de ciselures assez fines pour qu'on puisse affirmer que les meilleurs-artistes de Paris et de Londres, à l'époque actuelle ne feraient pas mieux. Cependant, bien qu'ils aient été coulés au moule de sable, aucun n'a jamais été aiguisé et ne pourrait couper ni fendre la moindre bûche.

Notons que ces prétendues haches s'emmanchaient perpendiculairement. En voici du reste un modèle de grandeur naturelle, et l'on jugera aisément combien auraient été à plaindre les ouvriers qui se seraient servi de semblables outils et instruments(1).

Nous donnons aussi un autre spécimen d'un celt qui n'était pas plus grand que la dernière phalange du petit doigt(2).

Il y en a encore dont le prétendu tailloir se termine par une pointe aiguë qui semble avoir été ajoutée après coup, ainsi que le représente la figure ci-dessous (3).

Nous défions n'importe qui de déterminer d'une

manière précise l'usage de pareils instruments.

On en recueille beaucoup de ces divers types en Normandie, entre autres à Villedieu et dans l'Avranchin.

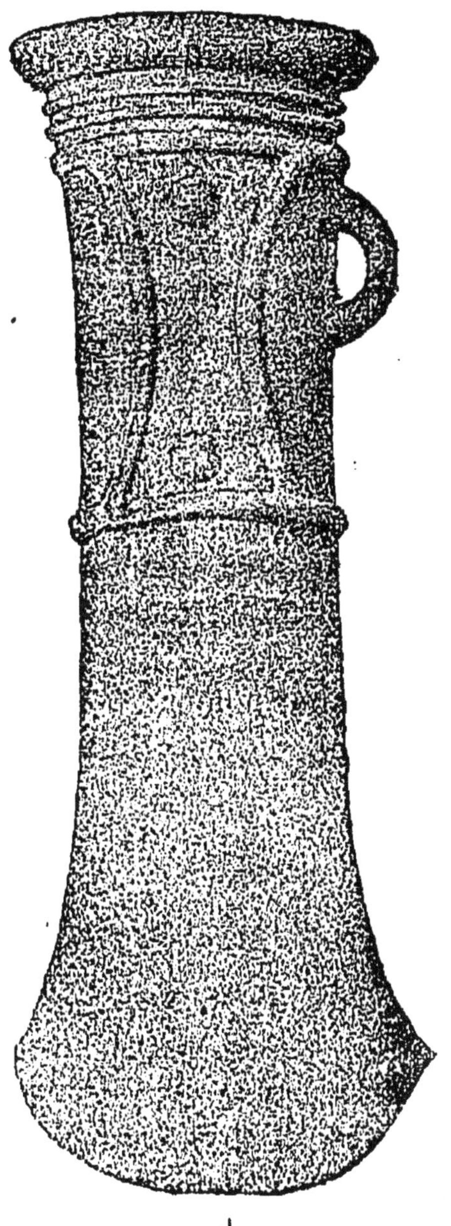
1

Ainsi, en 1873, sur quatre-vingt-quatre celts trouvés à Villedieu-les-Poëles, on en comptait trente du dernier modèle.

Il est évident que si l'ouvrier qui coula ces instruments avec tant d'art avait voulu faire des haches, il aurait adapté la douille d'une manière latérale. Cette modification n'eût nullement compliqué sa besogne.

Puis il n'aurait pas chargé les deux

faces de ciselures et de moulures, qui se seraient d'ailleurs bien vite effacées à l'usage, et ne rendaient pas l'outil plus coupant, au contraire.

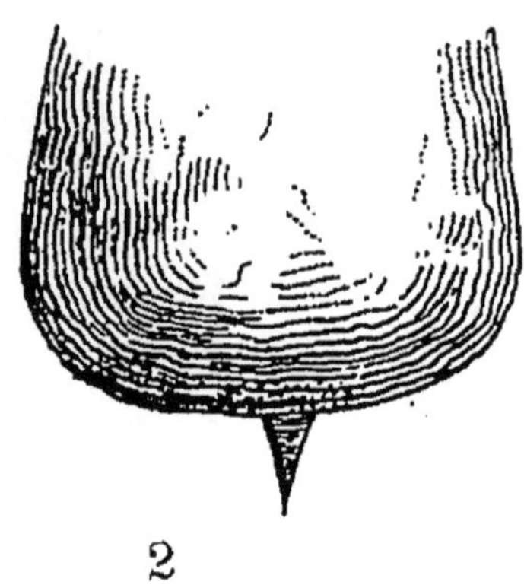

2

Enfin, nous dira-t-on, la critique est facile, mais, suivant vous, à quoi servaient donc ces objets ?

Nous répondons :

Ce sont des bouterolles d'arcs à tirer les flèches.

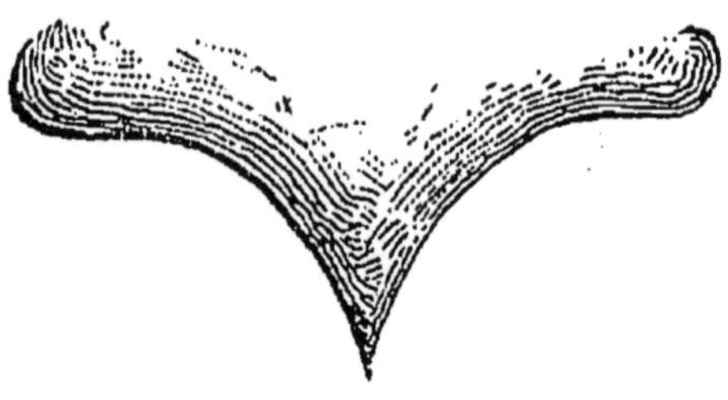

Il y avait jadis des arcs de toute puissance et de toute taille, depuis ceux qui servaient à la défense des remparts, et pour lesquels il fallait au moins deux hommes pour les bander, jusqu'aux arcs de chasse, et même ceux exclusivement réservés à l'amusement des enfants.

Donc, il devait aussi y avoir des bouterolles de toutes les dimensions et d'un travail plus ou moins soigné.

Aujourd'hui encore, les bouterolles des sabres sont de grandeurs diverses, depuis celles adaptées aux sabres de cavalerie jusqu'à celles servant pour les jouets d'enfants. Il est vrai qu'elles sont maintenant en cuivre laminé au lieu d'être en fonte de cuivre; mais l'usage du laminoir est, en somme très récent.

Pourquoi, nous objectera-t-on, aurait-on placé des bouterolles en cuivre à l'extrémité des arcs?

Par la même raison, répondrons-nous, qu'on met des garnitures en cuivre à la crosse des fusils, c'est-à-dire pour empêcher le bois de l'arme de se gonfler par l'humidité du sol, ce qui nuirait à la justesse du tir.

Il dut y avoir jadis autant d'arcs de guerre et de chasse qu'il existe maintenant de fusils. Comment évaluer, dès lors, le nombre de bouterolles qui furent mises de côté au quinzième siècle, époque de la transformation de l'armement?

Combien il y en eût-il de portées à la refonte, sans compter celles qui existent encore dans les musées et dans les collections d'amateurs? C'est réellement incalculable.

Dans la seule ville de Villedieu (Manche), on en a fondu par milliers, et l'on s'en sert encore dans tout le pays, notamment pour la fabrication des cloches.

On en recueillit soixante en 1838, sur la butte de Bouillant, près Avranches; quatre cent cinquante en 1864, dans la vallée de Beuvron, près Saint-James, sur la propriéte de M. de Cantilly; soixante encore en 1845, dans un vase de poterie enterré à un mètre de profondeur, au Val Saint-Père; six cents de toutes grandeurs, en 1872, près la Chapelle-Saint-Georges, etc., etc.

Voici quelques spécimens de ces trouvailles (1-2-3) :

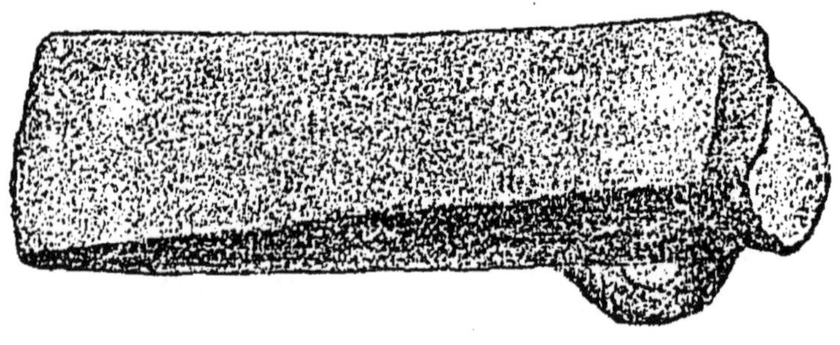

1

Comment expliquer la présence de ces bouterolles en aussi grand nombre sur la terre normande, si ce n'est à cause du long siège de vingt-deux ans que subit le Mont-Saint-Michel de la part des Anglais qui occupaient tout le pays environnant?

Ce fut précisément pendant ce laps de temps

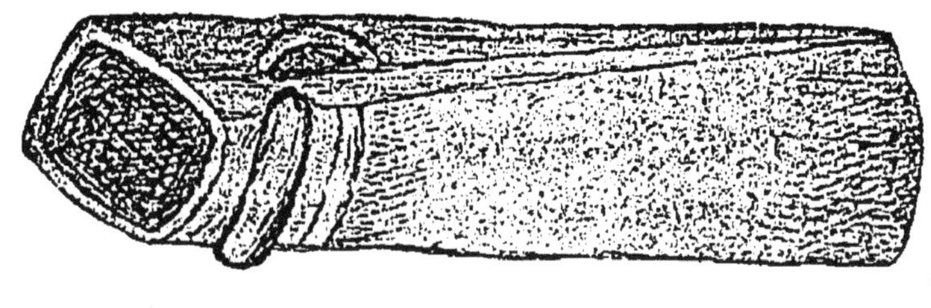

2

que s'accomplit la transformation de l'armement et que l'on se débarrassa des bouterolles d'arcs devenues inutiles.

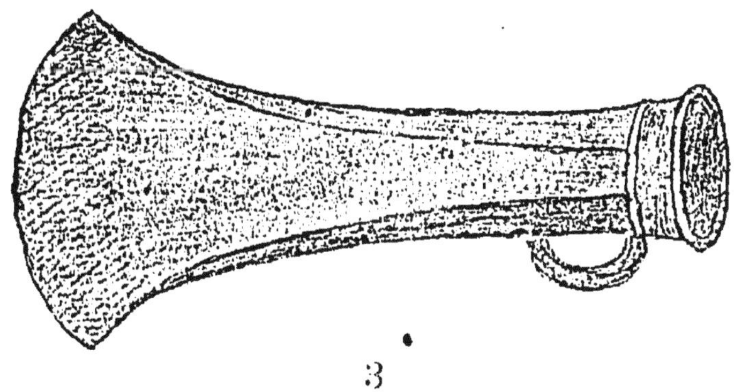

3

Voici d'ailleurs une inscription que nous offrons à la méditation des savants, et qui établit la date de la levée du siège.

Pardos IVgVLaVIt CanCros, MIChaeL, tVa VIrtVs.

Vingt ans plus tard, en 1454, il y avait encore dans la garnison de Caen une compagnie d'archers de deux cents hommes. Sur le rôle de cette troupe, figurent les noms des plus grandes familles du temps : les de Brissac, de Brichanteau, de Montargis, d'Avenel, de Chaumont, du Boys, de Bernier, d'Espinay, etc., etc.

Passons maintenant à la seconde catégorie des prétendus celts de nos grands savants.

Ces objets sont en cuivre plein, avec deux rainures latérales à l'une des extrémités, occupant à peu près le tiers de leur longueur totale.

Ils diffèrent des premiers, surtout parce que, au lieu d'emboîter l'extrémité de l'arc, ils s'y adaptaient facilement au moyen des rainures.

La fonte en est aussi généralement plus soignée, mais l'anneau latéral est disposé de la même façon et indique qu'ils servaient au même usage.

En voici, d'ailleurs, trois spécimens :

Le premier a une longueur de seize centimètres (1) ;

Le second mesure douze centimètres (2) ;

Enfin, le troisième ne compte que six centimètres de longueur (3).

Si quelqu'un de nos lecteurs pouvait assigner à ces objets un usage autre que celui par nous indiqué, nous nous inclinerions volontiers.

Seulement nous ferons remarquer que la fraîcheur de ces prétendus celts dont le plus grand nombre ne semble même pas avoir été manié,

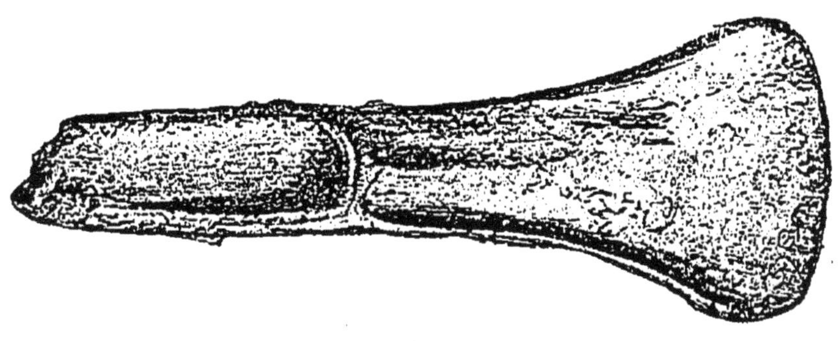

1

démontre péremptoirement qu'il ne peut y avoir aucun rapport entre ces outils et ceux qui auraient pu être fabriqués par les anthropoïdes dans les temps préhistoriques.

En outre, la forme de ces objets prouve sura-

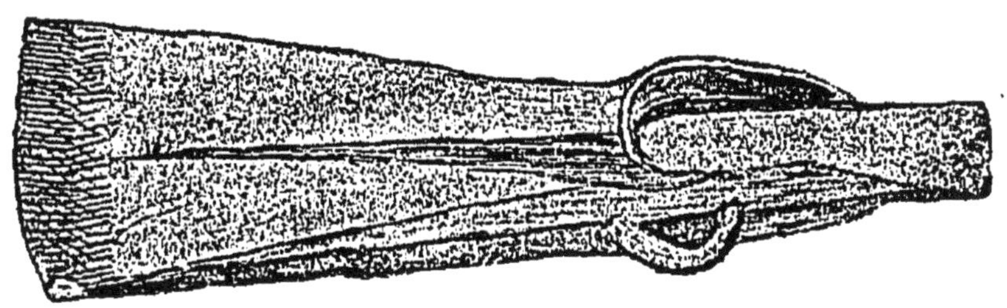

2

bondamment que ce n'était nullement des outils de percussion ni des haches. Les uns, en effet, auraient fait éclater le manche qu'on y aurait adapté. Ceux de l'autre catégorie se seraient eux-mêmes brisés sous la pression du manche.

A l'appui de notre thèse, d'ailleurs, nous ferons

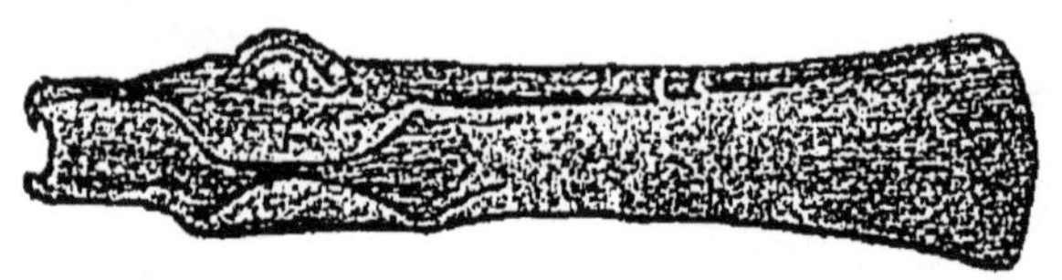

3

encore observer que les armes de guerre et de chasse étaient, longtemps avant notre ère, munis d'ornements et de garnitures d'airain ou de cuivre.

Dans le livre de Job, Saphar disait déjà, l'an 2500 avant Jésus-Christ : « L'homme adroit évite l'arme de fer et se précipite sur l'arc d'airain » : *Fugiet arma ferrea et irruet in arcum œneum* (1).

Quinze cents ans plus tard, nous entendons David s'écrier : « Seigneur, vous avez fait de mes bras un arc d'airain : *Posuisti ut arcum œreum brachia mea* (2). »

L'airain étant absolument impropre à la fabrication des arcs à cause de son poids et de sa rigidité, il ne peut s'agir en l'espèce que des garnitures et des ornements.

1. *Job*, XX, 24.
2. Ps. XVIII, 35.

De Caylus, dans son *Recueil d'Antiquités*, a fait une longue description de deux garnitures d'arcs recueillies à Herculanum.

Au surplus, ceux qui tiendraient à avoir le dessin d'arcs garnis aux extrémités, peuvent consulter le *Dictionnaire d'Antiquités* d'Antony Rich, aux mots ARCUS et SAGITTO.

Mais la garniture d'arc la plus anciennement connue ou du moins la plus anciennement recueillie, appartient au musée Kircherien des jésuites, à Rome. Elle est pourvue de cette curieuse inscription, en caractères carrés, employés du sixième au dixième siècle, coulée avec la pièce elle-même : ANCINVS FACIT; lisez en français : Ancino, fabricant.

En voici le fac-simile :

Sir John Lubbock s'occupe longuement de cet objet, et dit que l'inscription est une énigme proposée à la sagacité des siècles futurs, car elle démontre la différence des signes graphiques entre les temps primitifs et le nôtre.

Et voilà comment nos illustres savants trouvent le moyen d'écrire de gros livres pour contester à Dieu son titre de créateur de l'univers, et pour refuser à Moïse, non seulement la science, mais le simple bon sens.

CHAPITRE XIII

La crânioscopie

Une science démodée. — Les chercheurs de crânes. — Types et races baroques. — Les brachycéphales de Grenelle. — Perspicacité des savants. — Le grand vieillard Cromagnon. — Crânes auvergnats et crânes bretons. — Les échantillons céphaliques de la foire au pain d'épice. — Histoire des plaines de Clichy et de Grenelle. — Une contradiction de nos modernes docteurs. — L'infériorité des hommes actuels suivant Virchow.

La phrénologie était fort à la mode, il y a un demi-siècle, mais on ne se livrait alors à l'étude des crânes humains qu'au seul point de vue moral. C'est dans cet ordre d'idées que furent rangées les diverses catégories de crânes.

Il y avait les voleurs, les assassins, les dévots, les musiciens, les astronomes, les mathématiciens, les menteurs, les libertins, les philosophes, etc., etc.

Il y a longtemps qu'on ne songe plus à la phrénologie, mais les savants de nos jours ont découvert autre chose.

Eux aussi, ils cultivent l'étude des crânes, mais laissant de côté les facultés morales, ils cherchent là un nouveau moyen d'étayer leurs systèmes et leurs chronologies fantaisistes, faisant remonter l'existence de l'humanité à trente, cinquante et même cent mille ans.

Avec quelle ardeur ne fouillent-ils pas les grottes, les tumuli, les carrières, tous les terrains enfin où ils peuvent arriver à retrouver des parcelles de crânes humains?

Cela leur a permis de créer des types variés d'individus auxquels ils ont donné les noms les plus baroques, auxquels ils ont assigné des origines impossibles. Du reste, ayant le champ libre, ils s'en sont donné à cœur joie.

C'est ainsi qu'ils nous parlent de types microcéphales, kumbécéphales, dolichocéphales, dolichoplaticéphales, brachycéphales, orthocéphales, occipitaux, etc. Ils nous présentent aussi les races de Cromagnon, de Grenelle ou de Clichy, de Néenderthal, de Constadt, etc.

Suivant eux le type kumbécéphale est le plus ancien puisqu'il se rapproche le plus de la forme simienne. Quant aux crânes du type des Cromagnons, ils sont parait-il, dolichocéphale-occipilaux.

La race de Grenelle aurait fourni six échantillons brachycéphales, qui ont été décrits par MM.

Hamy et de Quatrefages, et dont les représentants vivaient avant les transformations qui ont inauguré l'époque géologique actuelle. Les arcs sourcilliers de ces types rappellent parfois ceux de la race de Constadt, mais sont cependant rejetés plus en dehors. Le front s'élève d'abord un peu obliquement, puis se renfle à la hauteur de la bosse frontale moyenne, et à partir de ce point la courbe du crâne, vue de profil, se développe régulièrement sans ressaut ni méplat. L'indice céphalique moyen est de 83, 53 chez les hommes et de 83, 68 chez les femmes... La mâchoire inférieure est volumineuse ; la mâchoire supérieure est prognathe et les dents sont projetées en avant (1).

La période durant laquelle existaient ces êtres, remonte sans doute dans l'esprit de ces Messieurs à quarante, voire même à quatre-vingt mille ans, puisque c'est jusque là qu'ils font reculer l'époque géologique actuelle.

Que notre lecteur se rassure ; nous ne lui ferons pas accomplir un aussi long voyage dans la nuit des temps. Nous nous bornerons à expliquer ce qu'était la plaine de Grenelle, il y a cinquante ans tout au plus.

1. Hamy et de Quatrefages, suivant Zaborowski, *L'Homme préhistorique*, p. 117.

Mais d'abord, admirons la perspicacité de nos savants qui, au simple aspect d'un crâne enseveli depuis cinquante mille ans, peuvent néanmoins discerner immédiatement à quelle catégorie d'individus il devait appartenir.

Ecoutons, par exemple, ce qu'ils nous racontent du crâne d'un grand vieillard Cromagnon, jaugeant un litre 590. Son propriétaire avait, paraît-il une taille de un mètre 80 centimètres.

Saluons ce vénérable débris qui aurait passé sur la terre, il y a plus de quarante mille ans.

On nous apprend aussi que les crânes masculins des Auvergnats cubent un litre 598, et ceux des Bretons-gallo, qui sont les plus grands que l'on connaisse, un litre 599 (1).

Avec ce système le métier de chapelier se simplifierait considérablement. Au lieu de prendre la mesure des têtes, cet ouvrier n'aurait qu'à demander à ses clients de quel pays ils viennent, et à quelle espèce d'individus ils appartiennent.

Ah ! si nos grands savants daignaient parfois se mêler à la foule des vulgaires humains fréquentant les assemblées populaires, s'ils visitaient notamment la foire au pain d'épice qui se tient chaque année à Paris, depuis la porte de Vincennes jusqu'à la Bastille ; dans cette foule endi-

1. C.-F. Zaborowski, p. 57 et 108.

manchée de soixante, quatre-vingt mille et même cent mille individus des deux sexes, ils trouveraient certainement, par douzaines et par centaines, des échantillons céphaliques de tous les types, des micro, des méga, des kumbé, des brachy, des dolicho etc.

Là, ils verraient des têtes hautes, des têtes plates, des carrées, des rondes, des ovales ; des fronts fuyants, des fronts proéminents ; des bouches enfoncées, des bouches saillantes ; des dents menaçantes ; des mentons ronds, carrés, pointus, fuyants ; des têtes osseuses ; des nez longs ou courts ; des Junon aux yeux de bœuf, des Isis aux yeux de chatte ; des dos en hottes ou en battoirs ; des troncs démesurés ; des jambes en échasses, etc., etc.

En un mot, jamais nos grands chercheurs n'ont rencontré parmi les morts ce qu'ils trouveraient parmi les vivants.

Ce spectacle suffirait pour les convaincre de l'inanité de leurs déductions chronologiques, en admettant toutefois qu'ils prennent eux-mêmes ces déductions au sérieux,

Mais revenons aux plaines de Clichy et de Grenelle.

Voyons, messieurs les savants, entre-nous, distinguez-vous bien les os d'un âne mort de ceux d'une ânesse ? Les os d'un chat sauvage, *fœlis spelœa*, comme vous dites, de ceux d'un chat angora d'une grande dame ou du matou de votre concierge ? Sur quoi vous basez-vous pour déterminer l'époque à laquelle vivaient ces êtres ?

Déjà nous vous avons posé semblables questions. Nous vous les renouvelons parce que nous nous apercevons qu'à propos des plaines de Grenelle et de Clichy-la-Garenne, vous nous signalez comme mortes, il y a trente mille ans, des bêtes que nous avons connues vivantes, il ya bien moins de cent ans.

On sait que dans la première moitié de ce siècle, la plaine de Clichy-la-Garenne avait été livrée à l'exploitation des carriers qui y trouvaient le sable fin employé pour les travaux de pavage de Paris.

Bientôt le sable s'épuisa et les gravats restèrent amoncelés sur le bord des fosses, d'une profondeur variant de deux à six mètres, qui remplissaient toute la plaine.

Dans ce lieu complètement désert, on déposait souvent des charognes et débris de tout genre ; parfois même des malheureux venaient s'y suicider. Il y fut aussi commis des assassinats, et l'on cachait les cadavres des victimes sous une mince couche de sable et de gravats.

La plaine était traversée par un sentier conduisant du village de Clichy à la barrière de Courcelles. Les rares passants, se hasardant par là, trouvaient quelquefois des ossements humains qui étaient alors transportés par les soins de l'autorité, dans le cimetière de Clichy.

Cet état de choses dura jusqu'en 1846, époque à laquelle le propriétaire de ces terrains, M. Pelletier, inventeur du sulfate de quinine, dont l'usine était à la Planchette au bord de la plaine, du côté opposé au chemin de la Révolte, les vendit à trois spéculateurs, MM. Nicolas-Eugène Levallois, Fazillau et Poccard.

Ceux-ci nivelèrent le terrain, le divisèrent, construisirent des habitations, et trois ans plus tard, le village Levallois était créé.

Quant à la plaine de Grenelle, son histoire est à peu près la même. Vers 1830, les carrières des environs de Vaugirard servaient encore de réceptacle aux immondices de tout le quartier et on y enfouissait aussi les bêtes mortes. Survint un spéculateur anglais qui acheta ces carrières et en fit le Grenelle que nous voyons aujourd'hui. Les carrières du bas de la plaine ne furent comblées qu'après 1840.

Il n'est donc point surprenant, lorsqu'on ouvre des tranchées dans ces terrains pour y établir des égouts ou des fondations, de rencontrer des ossements d'hommes et d'animaux, et il n'y a aucune raison pour assigner à ces débris quarante mille ans de date, ni pour créer à leur sujet des races et des types primordiaux.

Par exemple, les allégations de nos savants, en ce qui concerne la crânioscopie, contredisent souvent ce qu'ils nous racontent au sujet de la prétendue origine simienne.

Nous invoquerons à ce propos le témoignage suivant de M. Virchow (1).

« Il y a dix ans, quand on trouvait un crâne dans une tourbière, ou bien encore sur l'emplacement d'une ancienne habitation lacustre, ou dans les cavernes antiques, on croyait encore y rencontrer de singulières traces d'un état sauvage ou d'un développement tout à fait incomplet. On y flairait les appétits du singe. Mais peu à peu, tout cela s'est perdu... Les vieux troglodytes, les gens des tourbières ou des cités lacustres se présentent aujourd'hui comme une société tout à fait respectable. Ils ont des têtes d'une telle dimension que plus d'un homme actuellement vivant s'estimerait heureux d'en posséder une pareille... Somme toute, nous sommes obligé de reconnaître qu'on ne peut retrouver le moindre type fossile d'un état inférieur du développement humain. Il y a mieux : quand nous faisons le total des

1. Discours prononcé au Congrès scientifique de Munich, en 1877.

hommes fossiles connus jusqu'à présent et que nous les mettons en parallèle avec ce que nous offre l'époque actuelle, nous pouvons affirmer hardiment que, parmi les hommes vivants, il se rencontre des individus marqués du caractère d'infériorité relative en bien plus grand nombre que parmi les hommes fossiles jusqu'à présent découverts... Nous ne pouvons enseigner, nous ne pouvons présenter comme une conquête de la science cette thèse que l'homme descendrait du singe ou de quelque autre animal. »

Inutile de rien ajouter à cette déclaration aussi solennelle que concluante d'un homme considéré à bon droit comme un des princes de la science.

CHAPITRE XIV

Science des vétilles

Erreur involontaire ou mauvaise foi? — La tonsure des prêtres. — Le signe de la croix. — Étymologies fantaisistes. — Un aveu naïf. — La perfectibilité progressive. — Qu'importe l'histoire! — Les divisions arbitraires de la géologie. — Un géologue mystifié. — Les catastrophes ignorées. — Les découvertes futures. — Le chaudron de Bolleville. — L'âge du granit et l'âge du bronze à Bréville. — Les anthropoïdes étaient des fumeurs!!!

Il faudrait, non pas un volume, mais d'innombrables in-folios, pour relever tous les sophismes de nos prétendus savants. Encore ne nous occuperions-nous que de leurs erreurs involontaires, laissant de côté, bien entendu, les opinions énoncées par parti pris ou par mauvaise intention évidente.

Qu'on nous permette cependant de réfuter quelques-unes de leurs assertions fantaisistes et même parfois enfantines.

Lisons encore Zaborowski (1).

1. Page 149.

« On a trouvé, nous dit-il, dans plusieurs endroits, et notamment dans les grottes artificielles de la vallée du Petit Morin (Marne) beaucoup de squelettes dont les crânes avaient été trépanés par l'enlèvement d'une rondelle. M. de Mortillet voit, dans la tonsure de nos prêtres un reflet de cet antique usage de la trépanation religieuse. »

Autant de mots, autant d'erreurs.

D'abord les cavernes artificielles des bords de la Marne ne sont nullement antiques. Puis la trépanation n'a jamais été un acte religieux.

Enfin, si ces Messieurs, moins absorbés par leur science, avaient un peu étudié l'histoire de France, ils sauraient qu'au temps des rois de la première race le port de la chevelure était un signe distinctif de puissance, un privilège réservé à la noblesse et aux princes. On coupait, non la tête, mais les cheveux à un fils de roi qu'on voulait écarter du trône, et c'était pour bien marquer sa renonciation aux dignités du monde.

Quant aux ecclésiastiques, ils ne portaient, dans ce temps là, aucune chevelure. Cette tonsure actuelle de nos prêtres, qui excite la verve de nos contradicteurs, n'est que la suite de l'antique usage inauguré par le *monachisme*.

Nous soulignons ce mot à dessein. Espérons que nos savants le comprendront sans dictionnaire.

Passons à la page 155 du même auteur.

« L'introduction du bronze dans l'Occident de l'Europe, dit Zaborowski, coïncide avec celle du signe de la croix. Or, le signe de la croix est un symbole religieux employé surtout dans l'Inde ancienne où règne le boudhisme qui a dû l'emprunter à des cultes antérieurs à lui. »

Hélas ! nous sommes forcé de constater que notre contradicteur ne connaît pas mieux l'histoire de l'Inde que le catéchisme.

Suivant lui, l'introduction du bronze dans l'Occident de l'Europe remonterait à quarante mille ans au moins. Or, le signe de la croix, tout spécial aux chrétiens, ne devint d'un usage général, publiquement du moins, parmi eux, que vers l'an 300 de l'ère chrétienne. Jusque là, on ne s'en servait qu'en secret à cause des persécutions.

Voici maintenant E. Ferrière (1) qui discute certaines étymologies. Ecoutons-le :

« Si l'on disait à l'honnête et modeste épicier qu'il descend de la même souche que l'espion et l'évêque, quel serait son étonnement. Et cependant rien n'est plus vrai. Espion, épicier et évêque ont pour origine le sanscrit Spas qui signifie voir, examiner. »

Evidemment notre auteur croit éblouir le pu-

1. Le Darwinisme.

blic avec son sanscrit, mais en fait de sanscrit, il n'en connaît pas un traître mot.

Quant à la plaisanterie qu'il a imaginée et qu'il croit sans doute très spirituelle, c'est tout simplement une bourde colossale.

Le mot évêque appartient à la langue grecque ; dans cette langue il s'écrit ainsi : Ἐπί σχοπεω et il signifie : Je regarde d'en haut.

Le mot espion qui, au moyen âge, s'écrivait espie, appartient à la langue latine : *Erespic* qui signifie : Je regarde de derrière un obstacle, ce qui me permet de voir sans être vu.

Enfin le mot épicier vient aussi du latin, *spicæ*, qui veut dire : des épis. Les prédécesseurs de nos épiciers actuels vendaient, en effet, des épis de toute sorte, mil, plantain pour les oiseaux, lin et molène pour les lavements. Ils faisaient aussi commerce des quatre espèces, aujourd'hui quatre épices, pour suppléer au poivre ; du sénevé pour faire la moutarde, du séné pour les purgations, du tilleul et du sureau pour les liniments, des ronces pour les gargarismes, de la lavande et du romarin pour les eaux de senteur.

Même de nos jours encore, l'eau de lavande, en terme officinal, s'appelle *oleum de spica*, et les taupiers l'achètent sous le nom d'huile d'aspic.

Pas n'est besoin de sanscrit pour expliquer ces diverses étymologies.

Nos contradicteurs ont quelquefois des élans de franchise qui touchent à la naïveté. Écoutons plutôt sir John Lubbock (1) :

« Dans quelques cas, les crânes trouvés dans le même tumulus diffèrent considérablement les uns des autres. Ainsi, parmi ceux qu'on a rencontrés dans le grand tumulus de Borreby (Danemarck), la largeur, en prenant la longueur pour cent, variait de 71,8 à 85,7, soit un écart de 14 pour 100. »

Et après cet aveu dépouillé d'artifices, on osera néanmoins, sur la simple dimension des crânes, établir toute espèce de distinctions arbitraires entre les races humaines et successives, depuis le singe typique jusqu'au Parisien de notre temps !

C'est le cas de dire : Qui veut-on tromper ici ?

Nos savants, nous ne saurions trop le répéter, poursuivent leurs investigations, non dans le but de s'instruire et d'éclairer les autres, mais avec la ferme résolution de ne s'arrêter qu'à ce qui peut étayer leurs assertions fantaisistes, rejetant naturellement tout ce qui n'est pas en leur faveur.

Comment s'étonner, après cela, qu'ils tombent si souvent dans l'absurde ?

Qu'est ce, par exemple, que cette théorie de la

1. Page 127.

perfectibilité progressive et indéfinie de l'espèce humaine, à partir du point le plus bas de l'échelle pour arriver jusqu'au sommet, c'est-à-dire depuis l'espèce singe jusqu'à l'espèce homme civilisé, en passant par les degrés inférieurs d'hommes barbares, hommes sauvages et anthropoïdes ?

Peut-on imaginer rien de plus chimérique ?

L'Histoire est là pour renverser cet échafaudage.

Que sont devenus les peuples les plus civilisés de l'antiquité, les Assyriens, les Phéniciens, les Égyptiens, les Grecs, les Romains ?

Nous avons connu leur civilisation et bientôt après nous avons vu leur décadence.

Que reste-t-il d'eux maintenant, à l'exception de quelques noms qui ont passé à la postérité ?

Mais nos savants modernes dédaignent les enseignements de l'histoire. Quand ils fouillent les monuments funéraires, ils mettent de côté les témoignages et les traditions qui les gênent et, à l'aide de leurs fertiles imaginations, ils bâtissent de nouveaux systèmes. C'est ainsi que, partant de zéro, ils amoncellent les siècles les uns sur les autres avec quelques cailloux, des morceaux de cuivre et un peu de fer. S'ils trouvent des objets qui leur sont inconnus, ils les baptisent immédiatement d'un nom de convention sans chercher si quelqu'un de plus habile qu'eux-mêmes ne pourrait faire cesser leur ignorance ou démasquer leur mauvaise foi.

On sait qu'il existe des terrains qui, par la nature de leur composition argileuse et sableuse, se retassent d'eux-mêmes lorsqu'ils ont été soumis au travail humain. Cette circonstance peut modifier considérablement, dans l'application, le résultat des études géologiques. Cependant, nos savants n'en ont jamais tenu aucun compte.

Nous avons déjà vu que les géologues divisent la première partie de l'écorce du globe en couches successives et périodiques qu'ils appellent primordiales, primaires, secondaires, tertiaires et quaternaires. La période tertiaire se subdivise elle-même en trois couches : couche miocène ou la plus ancienne, pliocène ou récente, enfin iocène ou entre l'une et l'autre. On distingue, en outre, paraît-il, dans la couche pliocène des couches post-pliocènes et alluviales.

Avons-nous besoin de dire que ces divisions tout arbitraires et applicables seulement sur certains points sont complètement défectueuses dans la plupart des cas ?

La sonde ne donne jamais, en effet, les mêmes résultats à toutes les altitudes et dans toutes les contrées.

Nous savons très bien qu'on peut trouver des débris humains, voire même des armes ou des meubles, ensevelis à de grandes profondeurs dans la couche quaternaire, mais il n'y a aucune induction à tirer de ce fait.

Le célèbre Boucher de Perthe se livrait aux études géologiques, non pas tant pour prouver l'antiquité de la race humaine que pour rechercher les œuvres humaines antédiluviennes.

En 1863, par exemple, il fit opérer des fouilles à Moulin-Quignon, près Abbeville, en se servant de la tranchée qui avait été ouverte en 1836 pour le passage du chemin de fer. Dans des fragments de silex, il crut reconnaître des travaux humains remontant aux temps préhistoriques. Mais il est avéré maintenant qu'il se trompait de couche. Du reste, il ne fut vraiment pas heureux dans ses recherches. Il crut découvrir dans le même lieu une mâchoire humaine et un squelette à l'occasion desquels les savants s'émurent et dissertèrent fort longuement : on donna même à la mâchoire le nom de mâchoire de Moulin-Quignon. Mais à Abbeville tout le monde sait aujourd'hui que l'infortuné chercheur avait été victime d'une mystification formidable. On connaît même le nom de celui qui lui avait mis sous la main ces objets soi-disant antédiluviens.

De tels faits ne sont pas rares, d'ailleurs, et nous pourrions en raconter beaucoup d'autres du même genres.

Mais pourquoi tirer des conclusions si hasardées à propos des découvertes les plus simples et les plus explicables?

Que d'événements fortuits et inconnus ont pu transformer le sol terrestre, précipitant hommes, animaux et choses dans ses profondeurs!

Que de carrières de toute nature se sont trouvées soudain comblées! Que de marnières, que de sables mouvants, que de fondrières se sont solidifiés!

Combien de catastrophes ignorées ou oubliées se sont accomplies!

Dans les veys d'Isigny, par exemple, combien de voyageurs ont trouvé la mort avec leurs montures! Combien se sont enlisés dans les grèves du Mont-Saint-Michel! Nous y avons nous-même vu disparaître un équipage et tout ce qu'il contenait.

On sait aussi qu'en 1639 il périt dans ces mêmes grèves, non loin d'Avranches, une centaine de nu-pieds, ainsi qu'une douzaine de soldats envoyés par Gassion pour réprimer leur révolte.

Toutes ces victimes ont été ensevelies; le temps a passé, le sol s'est tassé et nivelé, et il ne reste pas plus de traces de ces catastrophes que n'en laisse la pierre qui s'enfonce dans les abîmes de l'Océan.

Ah! messieurs les savants, nous vous le prédisons, vous n'êtes pas au bout de vos découvertes et de vos peines !

Sur ces mêmes terrains où, dans le cours des siècles, s'accomplirent tant d'événements divers, il y a aujourd'hui des pâturages, peut-être des jardins, peut-être de grands édifices.

Puis un jour viendra où une nouvelle transformation nécessitera de nouveaux travaux, de nouvelles fouilles qui produiront de nouvelles découvertes. Ce seront des squelettes, des meubles, des objets de toute sorte, et les savants d'alors tomberont encore en extase devant ces débris antédiluviens, devant ces restes d'anthropoïdes !!

Dès aujourd'hui, nous indiquerons quelques endroits où l'on pourrait faire des trouvailles qui alimenteraient pour longtemps les discussions scientifiques.

Ainsi, par exemple, à Bolleville (Manche) sous la cour de la ferme du ruisseau (Clairambault), on a laissé tomber accidentellement et récemment à vingt-deux mètres de profondeur, dans un lit de boue liquide noire et infecte surmonté d'une épaisse couche d'argile franche, un chaudron en cuivre, une pelle et une paire de sabots. L'excavation se referma d'elle-même en commençant par le fond.

Eh bien ! si un jour on vient à creuser un puits en ce lieu, et à retrouver le chaudron, la pelle et les sabots, ne pourra-t-on pas dire que ces objets remontent à l'âge du bronze ou à celui du fer !

Dans le même département, à Bréville, au lieu dit le Champ-de-la-Pierre, un M. Vicontry, propriétaire de ce champ, fit creuser, il y a une cinquantaine d'années, une fosse dans laquelle il précipita un bloc granitique de quatre ou cinq mètres cubes. Ce bloc, grossièrement taillé en forme d'autel semblait avoir servi au culte druidique et gisait dans une mare, au milieu du champ. Aujourd'hui la terre franche et sablonneuse l'a recouvert; le tassement s'est opéré, et le grain pousse là comme ailleurs.

Admettons que, dans cent ans, on fasse des fouilles en cet endroit; on découvrira le bloc de pierre, et même, en outre, les fragments d'un verre à boire et un couteau. Quel beau mémoire à présenter alors à l'Académie des sciences sur les mœurs des anthropoïdes qui ont fabriqué et enterré ces objets ! ! !

Ce ne sera, du reste, pas la seule découverte à faire à Bréville. Il y a, en effet, moins de deux siècles, en fondant deux cloches, au lieu dit le Petit Marais, le moule de l'une d'elles se brisa; et le métal en fusion s'enfuit à travers le terrain sableux. Il dut en résulter un bloc de cuivre d'une certaine importance. Quel solide argument, au jour où on le retrouvera, en faveur des amateurs de l'âge de bronze !

Nous connaissons à Clichy-la-Garenne, un champ dit le Tréage-du-Landit qui, en 1850, fut bouleversé de fond en comble jusqu'à quinze ou dix-huit pieds de profondeur, pour retrouver un trésor qu'une somnambule extra-lucide affirmait y avoir été caché.

Naturellement les recherches furent vaines, et les sables siliceux composant en grande partie le terrain s'étant retassés, il n'existe plus aucune trace de ces travaux, et, là aussi, le blé pousse comme partout ailleurs.

Mais les nombreux ouvriers employés à cette besogne dînaient et fumaient dans les tranchées. Ils y ont donc abandonné des os décharnés de toute espèce, et probablement des fragments de poterie et de verres cassés, voire même des pipes culottées.

Eh bien ! dans deux ou trois siècles, si le village s'étend du côté de ce champ et qu'on y creuse des fosses, les savants de l'avenir se pâmeront de plaisir, car en découvrant les débris de pipes plus ou moins culottées, ils apprendront que les anthropoïdes antédiluviens connaissaient l'usage du tabac, et alors ils pourront créer un nouveau roman sur l'âge du tabac ! ! !

CHAPITRE XV

Les termites du christianisme

Buffon. — La question des zodiaques. — La phrénologie. — Le spiritisme. — Ernest Renan. — L'hypnotisme. — Le bon sens français.

On sait combien les doctrines dites rationalistes de la fin du dix-huitième siècle mirent le désordre dans tous les esprits.

Le docte Buffon lui-même, hélas, n'avait point échappé à la contagion générale. On se rappelle ses conceptions aussi extravagantes que puériles sur l'agencement et le gouvernement de l'univers en dehors de Dieu. Mais rien de tout cela ne méritait de passer à la postérité, et les élucubrations de Buffon sont ensevelies aujourd'hui dans le plus profond oubli.

Au commencement du dix-neuvième siècle se produisit la fameuse question relative aux zodiaques découverts à Esneh et à Denderah, en Egypte.

Oh! cette fois, la Bible, qui n'assignait au

monde que sept mille ans d'existence environ, était prise en défaut.

Songez donc ! Il s'agissait de monuments dus au travail humain et remontant à quinze mille ans, disaient les uns ! à cinquante mille ans, affirmaient les autres !

Le monde savant fut inondé de dissertations et de mémoires sur la question. Le célèbre Dupuy, l'auteur de l'origine des cultes, se signala entre tous par son zèle anti-théïste.

Après d'interminables discussions, on finit par où l'on aurait dû commencer. On s'avisa de songer que les plafonds, sur lesquels les zodiaques étaient sculptés, ne pouvaient être plus anciens que les murs supportant ces plafonds. Donc on inspecta les temples, et, ô déception ! on constata, par les inscriptions dont les murailles étaient ornées que le temple de Denderah avait été édifié pour obtenir le prolongement des jours de l'empereur Tibère. Quant à celui d'Esneh, il portait la date de la dixième année du règne d'Antonin, soit 147 ans après Jésus-Christ.

Les zodiaques litigieux, loin de représenter l'état du ciel à des époques archi-éloignées, symbolisaient purement et simplement des thèmes astrologiques imaginés dans un but de basse adulation envers les souverains régnants.

Les savants en furent pour leur déconvenue

et le Christianisme ne s'en porta pas plus mal.

En 1836, nous voyons apparaître la phrénologie.

On prétendait démontrer, à l'aide de cette science nouvelle que les facultés de l'âme ont chacune un organe correspondant au cerveau, d'où il résultait que facultés et organes étant subordonnés les uns aux autres, l'homme qui possédait l'organe du meurtre très développé n'était peut-être pas nécessairement un assassin, mais il lui était difficile de ne pas le devenir. Cet homme possédait, disait-on, l'organe de la destructivité.

Tel autre, muni de l'organe de l'acquisivité, se trouvait fatalement destiné à devenir voleur. Cet organe était placé à la nuque, comme celui de la pie. Chacun sait que cette pauvre bête est voleuse. Elle seule ne s'en doute pas et suit l'inclination naturelle la portant à s'emparer de l'objet qui brille.

Avec cet ingénieux système, toutes les facultés, toutes les aptitudes bonnes ou mauvaises s'expliquaient de la même façon. On trouvait une excuse pour les plus détestables actions.

Par là même on anéantissait la valeur et le mérite des plus belles vertus.

Étiez-vous bienveillant, charitable, généreux?

C'est que vous aviez les bosses de la générosité, de la charité, de la bienveillance.

Malheur à celui qui ne possédait pas la bosse de la philogéniture; il ne pouvait devenir bon père de famille.

Si François de Sales lui-même fut un saint, c'est qu'il était muni des bosses de la vénération et de la merveillosité, qui sont placées à la suture longitudinale du cerveau.

Quant à la bosse de la musique, on la plaçait au front sous les sourcils, ce qui, du reste, était assez commode pour distinguer les notes.

La morale chrétienne était, on le voit, fortement battue en brèche par cette prétendue science nouvelle. L'homme n'avait plus son libre arbitre; il était bon ou méchant sans que, dans l'un comme dans l'autre cas, il eût à faire aucun effort de volonté.

Qui songe aujourd'hui à la phrénologie?

Nous arrivons à 1850, et nous assistons à l'éclosion du spiritisme.

Les inventeurs de ce système prétendaient créer une dogmatique nouvelle accompagnée d'une morale à l'avenant.

S'ils ne niaient pas Dieu, ils le laissaient du moins, complètement à l'écart. Il y avait beaucoup de bons esprits, disait-on, mais point de mauvais.

On alléguait que les âmes survivaient aux corps et qu'il était toujours possible de s'entretenir avec elles, par l'intermédiaire de certaines personnes privilégiées.

Avec cette doctrine, il n'y avait pour les âmes envolées de ce monde, ni récompenses, ni châtiments, le bien et le mal de chacune des actions de la vie ne pouvant produire aucun effet subséquent.

Les moyens employés par les spirites étaient très variés. Qui n'a entendu parler des tables tournantes, des crayons qui écrivaient seuls, des personnes tombant en catalepsie ou, du moins, faisant mine d'y tomber, sous l'influence de passes mesmériennes ou magnétiques ?

Tout cela était trop drôle pour ne pas tomber dans le domaine du ridicule.

Le Christianisme n'eut pas de peine à survivre au spiritisme.

Un membre de l'Institut, M. Ernest Renan, publia, en 1863, un livre portant pour titre : *la Vie de Jésus*. C'était une sorte de roman côtoyant l'Evangile.

Plus d'une année avant l'apparition de cette œuvre, les journaux anti-chrétiens célébraient l'événement et sonnaient d'avance, à grandes fanfares, le glas du Christianisme.

La bombe éclata en l'air, laissant à peine derrière elle une légère trace de fumée.

Que dirons-nous des élucubrations plus récentes, de l'hypnotisme, de la suggestion, etc. ?

Le but est toujours le même : enlever à l'homme son libre arbitre, la responsabilité de ses actes.

Ces doctrines sont d'hier, et déjà nous assistons à leur déchéance. Un procès célèbre vient de leur donner le dernier coup en faisant connaître cette opinion des maîtres de la Faculté de médecine de Paris, les Charcot et les Brouardel : L'hypnotisé, non préparé, a toujours une volonté suffisante pour faire échec à la volonté de l'hypnotiseur.

Dans notre beau pays de France, si éminemment athénien sous le rapport de la curiosité, on a toujours soif de nouveauté; on étudie volontiers les divers systèmes qui surgissent journellement.

Mais si des sophismes plus ou moins ingénieux, parviennent quelquefois à surprendre ou même à égarer l'opinion publique, le bon sens général reprend bientôt ses droits.

Les systèmes et les doctrines passent ; l'homme disparaît ; mais la vérité, émanation divine, demeure éternellement.

DEUXIÈME PARTIE

EXPOSÉ PRÉLIMINAIRE

Personne ne conteste les merveilleux progrès que la science a accomplis dans ces derniers temps.

Personne ne songe plus à nier l'augmentation de bien-être qui en résulte pour les individus.

En outre, si, depuis l'invention de l'imprimerie, la presse a répandu dans le monde une multitude d'écrits dangereux et démoralisateurs, il faut reconnaître néanmoins qu'en propageant les connaissances utiles, elle a grandement contribué à l'amélioration du sort matériel des peuples.

Par ailleurs, les nouvelles machines ont centuplé les forces humaines. Pendant que la vapeur abrège les distances, l'électricité, le télégraphe, le téléphone, le phonographe, etc., établissent entre les hommes une communication pour ainsi dire instantanée.

Nous n'en finirions plus s'il nous fallait énumérer toutes les découvertes ayant transformé les conditions d'existence de l'humanité.

Mais on aurait tort de croire que cette transformation ou ces progrès sont sortis du néant, et que l'homme est le seul artisan de sa fortune actuelle.

Non, l'homme est sorti complet des mains de Dieu, intellectuellement et physiquement. L'histoire universelle, les monuments, les œuvres de toutes les époques nous attestent et nous confirment cette vérité.

Au point de vue physique, par exemple, il ne faut pas croire que l'augmentation de bien-être résultant au profit de l'homme de toutes ces découvertes, change sa pauvre et chétive nature, la fortifie ou l'améliore. Il semblerait, au contraire, que, sous le rapport de la santé, de la vigueur, de la force et de la longévité, nos ancêtres valaient mieux que nous et étaient plus puissamment constitués.

La nature humaine reste immobile en tant que nature, si l'on peut s'exprimer ainsi, au centre du mouvement et de l'activité qu'elle suscite elle-même.

C'est ce que nous allons essayer de démontrer dans cette deuxième partie.

CHAPITRE PREMIER

L'histoire

La civilisation dans l'antiquité. — La guerre de Troie. — Le bouclier d'Achille. — Les richesses du tombeau de Priam. — Les grands fondateurs de l'antiquité profane. — La poésie, langue de l'histoire. — Corrélation de l'histoire sacrée et de l'histoire profane. — Prométhée. — Les rois-pasteurs. — Les Pélages et les Inachides. — Prêtresses célèbres de l'antiquité. — Jacob en Égypte. — Abraham et les rois de son temps. — Richesses immenses du Patriarche. — Une concession funéraire il y a quatre mille ans. — Preuves de la civilisation des peuples antiques. — Origine commune de ces peuples. — Personnage emblématique.

L'histoire de l'antiquité nous apprend que, même à des époques très reculées, les nations vivaient dans un état de civilisation qui a pu être modifié depuis, mais qui n'a pas été dépassé.

La première manifestation de la vie publique chez ces nations remonte à la guerre de Troie qui est, en quelque sorte, le point culminant de l'histoire ancienne, et dont la date est d'une certitude absolue, toutes les chronologies se trouvant d'accord pour la fixer entre l'an 1209 et l'an 1199 avant notre ère.

Il faut convenir que si la richesse et la beauté du langage sont une des marques certaines de la civilisation d'un peuple, les nations actuelles doivent être dans un véritable état de décadence, car nul peuple n'a parlé une langue aussi abondante et aussi belle que celle dont on se servait au siège de Troie.

Si l'on mesure aussi la civilisation à la culture des beaux-arts et à la magnificence des travaux artistiques, on reconnaîtra que jamais, dans aucune nation, on ne fit œuvre plus admirable que le bouclier d'Achille, on ne présenta amas de richesses plus considérables que celles découvertes récemment dans le tombeau de Priam.

Peut-être nous objectera-t-on que le bouclier d'Achille est sorti de l'imagination d'un poète. Peu importe, répondrons-nous, car si le poète l'a inventé, il avait à côté de lui un artiste capable de l'exécuter. L'art n'est en somme que la main de la poésie.

Donc, puisque la guerre de Troie constitue l'un des principaux jalons de l'histoire de l'antiquité, nous allons en faire le point de départ d'une étude rétrospective en remontant, bien entendu, vers les origines du monde.

Nous constaterons d'abord qu'à cette époque, l'univers habité sur quelques points seulement, présente d'immenses solitudes.

On voit des petites colonies parcourir les déserts en tous sens, avant de prendre possession d'un territoire quelconque et s'y établir.

Mais, chose digne de remarque, les voyageurs savent déjà où ils vont lorsqu'ils se mettent en marche. Ce n'est pas l'état de sauvagerie, loin de là : ce serait plutôt la science et la civilisation, puisqu'on connaît l'art de la navigation, puisqu'on établit des fortifications en vue de la guerre ; puisqu'enfin on choisit les lieux les plus propices à l'agriculture et au commerce.

La guerre de Troie termine le douzième siècle avant notre ère.

Au treizième siècle, des Pelasges Tyrrhéniens émigrent d'Italie en Espagne où ils fondent Tarragone ; Evandre s'établit sur le mont Palatin. Diomède fonde Arpi, dans la Pouille. Agapénor fonde Paphos. Iolas achève de peupler la Sardaigne. Les Sicules passent d'Italie dans l'île à laquelle ils ont donné leur nom.

Au quatorzième siècle, nous relevons la fondation de Caphyœ, de Nisœa, de Gortyne, de Sypile en Asie ; puis celle de Iolcos, de la célèbre Troie, et de Mycènes par Persée. A la même époque, Tyrrhenus bâtit la première ville d'Etrurie.

L'historien Myrsile nous apprend que deux colonies de Pélasges avaient quitté l'Asie en même temps. L'une s'établit à Lesbos, l'autre sur la côte méridionale de la Haute-Italie.

C'est au quinzième siècle que remontent les fondations d'Alea, de Stymphale, Zacynthe et Sagoute en Espagne; Pharsale et Ardée en Italie; Elatée, Daulis, Platée, Mélos, Paphos, Callista en Grèce; Saturnia et Cossa, en Italie, par les Pelasges; Psophis, en Arcadie. Pœon fut alors le chef de la première colonie qui peupla la Macédoine.

C'est aussi à cette époque que nous trouvons la fondation de Tyr par Agénor le Phénicien, père de Cadmus, Quoiqu'en dise l'historien Josèphe, Sidon, autre ville phénicienne, existait déjà depuis plus d'un siècle.

Au seizième siècle, l'histoire mentionne l'arrivée en Sardaigne d'une première colonie grecque, sous la conduite d'Aristée. Erichtonius vient d'Arcadie en Italie et fonde Cora; Cadmus arrive à Thèbes où il bâtit la Cadmée; Io arrive en Syrie et fonde Ione; Nanas débarque en Italie à la tête d'une colonie pélasgique. Epaphus, fils de Télégonus, arrive en Egypte où il fortifie Memphis, fondée par Menès, petit-fils de Cham.

C'est Nanas qui, ayant été chassé de Thessalie par Deucalion, paraît avoir peuplé l'Ombrie.

Toujours à la même époque, l'expulsion des rois-pasteurs de l'Egypte occasionne trois grands événements, savoir : la conquête de l'Argolide par Orus, la fondation d'Athènes par Cécrops et celle de Mégare par Lélex. Argos existait déjà, mais n'était qu'un humble village.

Memphis, dont nous venons de parler, n'est pas la plus ancienne ville d'Egypte. Héliopolis avait été fondée précédemment, ce qui prouve que l'Egypte, loin d'être habitée en totalité, avait encore de vastes solitudes où les étrangers pouvaient s'établir.

Toutes ces dates, tous ces faits n'étaient ignorés de personne alors. Apollonius de Rhodes nous transmet le discours suivant attribué à un argonaute :

« La noire Egypte, mère des hommes, était déjà fertile en blé, avant qu'on ne parlât de la famille sacrée de Danaüs, avant que la terre pélasgique ne fût en la possession des illustres fils de Deucalion, et lorsque les Arcadiens-Apidauniens existaient seuls encore. »

Au dix-septième siècle avant notre ère, Xantus, fils de Triopas l'Argolide, colonise la Lycie; Triptolème fonde Tharse; Triopas fonde Cnide; Thyrœus, Orchomènes, Eleutherus, Herœus fondent, en Arcadie, les villes portant leurs noms; Pellenus fonde Pellène en Achaïe; Colonus fonde

Colonide en Messénie; Macarus fonde Lesbos; enfin Ambrax et Epyrus peuplent la Thesprotie.

Au dix-huitième siècle, Tirymus fonde Tyrinthe; Peucetius et Œnotrus conduisent en Italie la première colonie pélasgique; Alalcomenia et Eleusis, fils d'Ogygès, fondent les villes de leurs noms, la première en Béotie, la seconde en Attique. Enfin Mycenœus, fils de Niobé, fonde Mycènes.

Au dix-neuvième siècle, nous assistons à la fondation de Lycosure par Lycaon, de Phégée par Phegœus. Ogygès établit la citadelle de son nom qui devait être plus tard la Cadmée, et Phoronée bâtit Argos où se voient les plus anciens monuments cyclopéens connus.

Au vingtième siècle, nous ne trouvons que le nom d'Inachus; il semble avoir posé les premiers fondements d'Argos, en même temps qu'il paraît avoir été la souche des dynasties de Thèbes, de la Thessalie et de l'Arcadie.

On peut dire alors que l'histoire profane proprement dite date de deux mille ans avant notre ère. Cependant, dès cette époque, loin d'être à son commencement, la civilisation existait déjà dans toute sa plénitude.

Les fondateurs des cités élèvent des remparts et des stèles sur lesquels ils inscrivent des noms et des dates. Ils créent des archives, bâtissent des temples à la Divinité, instituent des sacerdoces héréditaires et confient aux prêtres et aux prêtresses la garde des tablettes sacrées où sont inscrits les fastes de la nation. La pierre et le bronze perpétuent déjà le souvenir des grands hommes et des faits remarquables.

Les diverses langues d'alors se parlent avec beaucoup de recherche. L'histoire ne s'écrit qu'en poésie. Les inscriptions les plus simples sont versifiées, et ce n'est qu'au septième siècle avant notre ère que Cadmus de Milet ose le premier employer le langage vulgaire de la prose, pour raconter l'histoire.

Au reste, ces commencements de l'histoire profane se rattachent par beaucoup de points à l'histoire sacrée. Les deux récits se corroborent parfaitement.

Ainsi, il est reconnu qu'il y a identité de personne entre le Japet des Grecs et le Japhet de la Bible. Or, Prométhée, l'un des petits-fils de Japet, a joué un rôle très important dans les faits les plus avérés de l'histoire du Péloponèse. Cela constitue même un synchronisme qu'il est bon de relever.

La race dont Prométhée était le chef, se signala surtout par l'envahissement de villes déjà bâties et fortifiées, et de royaumes héréditaires. Nous citerons notamment Mycènes, Lycosure, Argos, Tyrinthe, etc.

Deucalion, fils de Prométhée, chassa de la Thessalie Nanas, qui fonda en Italie, ainsi que nous l'avons vu, plusieurs villes pélasgiques, entr'autres Saturnia et Cossa.

Selon Pausanias, Télégonus, septième roi d'Argos après Inachus, et fils d'Orus qu'Eusèbe désigne sous le nom de roi-pasteur, était venu d'Égypte. Du reste, Inachus était contemporain d'Agénor, et Cécrops et Lélex étaient également égyptiens.

Les rois-pasteurs furent donc chassés d'Égypte 1583 ans avant notre ère.

Cadmus et Danaüs appartenaient incontestablement aux Inachides, et cette origine les rattache aux Enacim qui furent défaits par Josué en 1510, époque de l'arrivée en Grèce de Danaüs et de Cadmus,

La manière de bâtir particulière à ces divers peuples corrobore parfaitement les enseignements de l'histoire.

En effet, les murs des villes attribuées aux Pélasges sont tous de construction cyclopéenne, notamment ceux de Coza, de Cora, de Saturnia.

Quant aux murs édifiés par les Danaïdes venus d'Égypte, et les Cadmides venus de Phénicie, ils sont en pierres taillées en parallélogramme. Tels ceux d'Ardea, de Mycènes et du temple de Salomon construit à une époque beaucoup plus récente, 991 ans avant notre ère.

Nous sommes bien là à la naissance des peuples, et nous ne trouvons plus devant nous que de petites colonies, de petites cités ou de mesquines rivalités entre petites peuplades.

Pour un motif futile, une contestation insignifiante, dix ou douze trirèmes lèvent l'ancre et la petite tribu va planter sa tente sur un autre rivage.

C'est une véritable fièvre d'émigration. Les femmes elles-mêmes subissent la contagion et plusieurs deviennent à leur tour des fondatrices de cités ou de royaumes.

On voit aussi des prêtresses prendre un rang distingué parmi les grands personnages du temps, et l'histoire nous a transmis leurs noms inscrits sur des tablettes de bronze. Citons au dix-septième siècle avant notre ère, ceux de Io-Callithya, fille de Pyranthus, roi d'Argos, prêtresse de Diane; au quinzième siècle, d'Hypermnestre, fille de Danaüs, roi d'Argos, et femme de Lyncée; d'Acacallis, fille de Minos, fondateur de Sydonix; de Laodamie, prêtresse d'Apollon à Amyclée, fille d'Amyclas, à laquelle succéda d'abord une deuxième Laodamie, puis Callirhoé et ensuite Damonassa qui exerça le sacerdoce pendant quarante-neuf ans. Au quatorzième siècle, c'est

Alcyonice, prêtresse de Junon, à Argos. Au treizième siècle, c'est Admeta, fille d'Euryclée, qui exerça pendant trente-huit ans et fut remplacée par Callisto.

La prêtresse Io-Callithya fut enlevée d'Argos par des navigateurs phéniciens et, en représailles, les Grecs enlevèrent Europa, fille d'Agénor, roi de Tyr, et sœur de Cadmus. Mais Triptolème, envoyé à la recherche d'Io, rencontra en Cilicie une contrée qui lui parut attrayante. Il s'y arrêta et fonda la ville de Tharses.

Dès cette époque, les ouvrages les plus fins étaient connus, puisque Philomèle, fille de Pandion, retraça au moyen de la broderie, sur un riche manteau, les malheurs de sa propre famille.

Plus nous remontons le cours des siècles, moins, naturellement, nous rencontrons de centres habités, et plus aussi les solitudes sont vastes.

L'an 2076 avant notre ère, Jacob descend en Égypte à la tête d'une famille composée de soixante-six personnes, et le Pharaon qui règne alors à Héliopolis lui concède une province fertile entre toutes, mais située de façon à lui éviter un contact trop fréquent avec les Égyptiens, peuple essentiellement agriculteur et qui n'aimait pas les pasteurs.

Deux siècles auparavant, Abraham, l'aïeul de

Jacob, parcourt le pays de Damas, la Palestine et l'Égypte, à la tête d'un grand nombre de serviteurs et d'immenses troupeaux. Il rencontre partout de vastes solitudes incultes qui lui servent de pâturages. Les relations qu'il entretient alors avec le Pharaon d'Égypte, démontrent que celui-ci n'était qu'un roitelet.

Il est vrai qu'à cette époque il y avait dans ces contrées une multitude de petits royaumes. Ainsi le pays de Sennaar, vaste territoire de la Babylonie a un roi ; le Pont, la Perse ou Elimaïde, la Galilée en possèdent également. La contrée arrosée par le Jourdain inférieur, qui est recouverte maintenant en grande partie par le lac Asphaltite, comprenait cinq villes ayant chacune un roi ; Ségor était la plus petite de ces cités ; puis venait ensuite Sodome.

Les monarques de Sennaar, du Pont, de la Perse et de la Galilée unissent leurs forces pour combattre les rois des cinq petites villes qui refusaient de leur payer un tribut. Ils sont vainqueurs et emmènent de nombreux prisonniers parmi lesquels se trouve le neveu d'Abraham.

En apprenant cette nouvelle, Abraham lève à son tour une armée composée de trois cent dix-huit hommes, y compris ses serviteurs. Il en forme deux corps de bataille et se met à la poursuite des vainqueurs. A son tour, il les bat auprès de Damas, et leur reprend les prisonniers et le butin qu'ils avaient enlevés.

Tels étaient l'état et les mœurs des populations disséminées sur la surface du globe, 2280 ans avant notre ère.

Ce n'était point la barbarie, nous le répétons ; c'était déjà la civilisation et même la richesse.

Ainsi, Abraham refuse les présents que le roi de Sodome lui offre en témoignage de sa reconnaissance. Il ne voulait pas qu'il fût dit qu'un roi l'eût enrichi.

Plus tard, Abraham envoie son serviteur Eliézer en Mésopotamie pour y choisir une épouse à Isaac, son fils. Il lui confie dix chameaux chargés de richesses de toute sorte destinées à être offertes en présents à la fiancée et à ses parents. Il y avait, parmi ces objets, des meubles d'or et d'argent, des étoffes précieuses, voire même des boucles d'oreilles et des bracelets en or.

Quelque temps auparavant, Abraham avait acquis d'Ephron, dans le pays de Chanaan, une grotte pour la sépulture de Sara, sa femme. Il paya cette grotte quatre cents sicles d'argent en monnaie de marque, ayant cours public : *quadringentos siclos argenti probatæ monetæ publicæ.*

Quatre cents sicles d'argent représentent

640 francs de notre monnaie actuelle. C'est à peu près encore le prix moyen d'une sépulture concédée à perpétuité.

Depuis quatre mille ans, nous n'avons vraiment pas fait de grands progrès sous ce rapport.

Abraham était Chaldéen. Ephron était Chananéen. Leur transaction s'opère au moyen de monnaie marquée d'un signe fiduciaire, ayant cours public dans les deux pays des contractants.

N'est-ce pas là déjà le commerce international et la civilisation dans ce qu'elle a de plus avancé?

Ecoutons à ce propos Montesquieu :

« Aristippe ayant fait naufrage, aborda sur un rivage lointain. Il vit qu'on avait tracé sur le sable des figures de géométrie. Il se sentit ému de joie, jugeant qu'il était arrivé chez un peuple grec, et non chez un peuple barbare. Soyez seul, et arrivez par quelque accident chez un peuple inconnu, et si vous voyez une pièce de monnaie, comptez que vous êtes arrivé chez un peuple policé (1) ».

Cette remarque est fort judicieuse.

Déjà du temps d'Abraham, on peut constater l'existence de villes importantes. C'est Héliopolis en Egypte ; c'est Babylone et Ninive, en Assyrie, etc.

1. *Esprit des Lois*, liv. III, chap. XVI.

Les savants explorent attentivement, on le comprend, les ruines de ces cités, et personne ne songe à leur reprocher leur zèle. Mais s'ils veulent être de bonne foi, ils reconnaîtront avec nous qu'on ne rencontre aucune trace matérielle remontant sensiblement au-delà de cette époque, et que partout, du moins, on trouve des marques certaines d'une civilisation avancée, même au point de vue de la richesse et des arts.

On faisait alors autrement que maintenant, mais on ne faisait pas moins bien. Nous assistons à la naissance de sociétés destinées à devenir plus tard des nations, mais nous ne sommes point au commencement de la civilisation.

En voulez-vous d'autres preuves?

Déjà, à cette époque, les Assyriens, les Égyptiens et les Grecs savaient appliquer les émaux, fabriquer le verre, fondre, travailler et repousser les métaux, sculpter l'ivoire, graver les pierres fines. Ils écrivaient et peignaient, et si leurs peintures n'ont pas la gracieuseté et la délicatesse de touche de nos œuvres modernes, elles conservent encore, après quarante siècles, un ton et une richesse de couleur dont les artistes de nos jours seraient heureux de retrouver le secret. Quant aux sculpteurs antiques on ne peut leur dénier une sûreté de main extraordinaire.

La parfaite identité des produits de la céramique aussi bien que de ceux de l'art de la gravure — que ces produits aient été recueillis en Grèce, en Egypte, ou même à Ninive et à Babylone, — dénote sûrement, au point de vue du travail, de la forme, de l'ornementation et des sujets emblématiques, l'origine commune de ces divers peuples. On constate cette même identité par les œuvres de céramique si nombreuses et si belles trouvées dans la vieille Etrurie.

Donc, la science véritable, se basant sur l'étude des monuments de l'antiquité, corrobore pleinement toutes les données historiques, et plus les recherches se multiplient, plus les découvertes viennent confirmer les faits.

Que les savants de bonne foi comparent, par exemple, le Mercure des anciens Etrusques avec le Hermès des Grecs, le Horus des Égyptiens et le Nabo des Assyriens ; ils en concluront inévitablement qu'il s'agit du même personnage emblématique.

CHAPITRE II

Origine des peuples

Qu'était le monde vingt-trois siècles avant notre ère? — Réponse de la nouvelle école : Demi-singes et singes complets. — Réponse du paganisme : Dieux et demi-dieux. — Jour de Brahma. — Les quatre âges des livres indiens. — Réponse de la Bible : le déluge, la Création. — Conformité du bon sens et des traditions de l'histoire avec le récit biblique.

Nous sommes à l'origine du monde et néanmoins l'univers est déjà exploré.

C'est en vain que l'on consulterait les annales et les écritures de tous les peuples anciens et modernes. Pas plus en Assyrie, berceau de l'histoire universelle, qu'en Égypte, en Grèce ou en Palestine, ou même dans l'Inde ou la Chine, on ne trouverait un souvenir quelconque, ni aucune trace de monument, au delà de vingt-deux ou vingt-trois siècles avant notre ère.

Qu'était donc le monde avant cette époque ?

Nos contradicteurs nous répondent : la terre était habitée par des demi-singes qui furent les ancêtres des hommes, et auparavant par des singes complets. Cette période primitive, ajoute la nouvelle école, embrasse des milliers de siècles.

Ecoutons maintenant le paganisme :

Le monde, nous apprend-il, fut d'abord habité par des dieux et ensuite par des demi-dieux. Mais cette assertion ne s'appuie sur aucune chronologie bien définie. Cependant les livres indiens, notamment le principal d'entre eux, *le Bhagaouaha*, établissent ainsi les origines du monde :

Il y eut d'abord le jour de Brahma, le dieu souverain qui dura 8,640,000,000 d'années solaires. On compte ensuite quatre âges distincts, savoir :

1° Le Krita-Juga, de 1,728,000 années :

2° Le Trita-Juga, de 1,296,000 ans ;

3° Le Diva-par-Juga, de 864,000 ans ;

C'est pendant cette période qu'eut lieu le règne des dieux inférieurs à Brahma.

4° Enfin, le Kali-Juga, d'une durée de 432,000 ans. C'est le règne de l'homme dans lequel nous sommes encore, et qui commença après un grand déluge dont la date correspond à l'an 3,101 avant notre ère.

Quoique le paganisme fasse un peu plus d'honneur à l'humanité que nos modernes savants, nous laisserons néanmoins au lecteur le soin d'apprécier de pareilles insanités.

Tournons donc nos regards du côté de la Bible et consultons-la.

Elle nous dit que les diverses contrées de la terre furent peuplées par les membres d'une même famille, composée à l'origine de huit personnes, échappées à un cataclysme appelé le déluge. Noé était le chef de cette famille.

Le déluge arriva 1656 ans après la création du monde, ou 2256 ans, suivant la version des septante qui nous paraît préférable.

La Bible donne en outre la nomenclature des diverses branches issues de la famille de Noé, désigne les pays peuplés par chacune d'elles et établit la généalogie spéciale du peuple dont elle retrace l'histoire.

Eh bien ! les monuments, le langage, les traditions confirment en tous points le récit de la Bible.

Quant au fait particulier du déluge, que nos savants modernes cherchent à dénaturer lorsqu'ils ne le nient pas complètement, non seulement les traditions en ont conservé le souvenir, mais l'histoire ne le contredit nullement, et l'étude de la géologie le démontre d'une façon positive.

Mais, avant le déluge, qu'y avait-il eu dans le monde ?

Reprenons encore la Bible.

1656 ans avant ce cataclysme, un homme et une femme, nommés Adam et Eve avaient été créés par Dieu. Puis leur postérité s'était multipliée sur la terre.

Mais cette postérité étant devenue vicieuse, Dieu résolut de détruire la race humaine, à l'exception d'une seule famille qui était demeurée vertueuse.

Sur ce point encore, les traditions de tous les peuples sont conformes au récit biblique.

Inutile d'ajouter que le bon sens est également d'accord avec la Bible.

En effet, avant de parler de cent mille ou de cent millions, il faut commencer par dire *un*.

Or, la première génération était issue d'un père et d'une mère.

D'où provenaient ce père et cette mère ?

Quand même vous les supposeriez descendants de singes, d'huîtres ou de champignons, vous reculeriez simplement la difficulté en la doublant d'un paradoxe aussi absurde qu'odieux.

Si l'on rassemblait les traditions éparses du genre humain au sujet de la création et du déluge on formerait de gros volumes. Ce travail a, du reste, été ébauché par plus de cent auteurs de notre époque.

Mais lors même qu'il eût été parachevé, il n'aurait probablement guère trouvé de lecteurs parmi les docteurs de la nouvelle école, ces gens-là aimant trop le roman pour entretenir un commerce quelconque avec l'érudition.

CHAPITRE III

Décadence du genre humain

Conditions de la vie de l'homme. — Décadence intellectuelle de l'humanité. — Poésie épique. — Poésie lyrique. — Genre dramatique. — Philosophie spéculative. — L'esprit court les rues. — Plus de supériorité, quelle qu'elle soit ! — Les fils des dieux et du soleil. — L'homme est un singe grandi ! ! — Décadence dans les œuvres de l'art. — Chaussées de géants. — Murs cyclopéens. — Un monolythe de douze cents mètres cubes. — Le sphinx de Giseh. — L'Égypte 1725 ans avant notre ère. — Les ruines de Balbeck. — Le temple d'Oukor-Wat. — Le Cambodje. — La civilisation au Nouveau-Monde. — Les pyramides de Chéops. — Les hommes pratiques.

La vie de l'homme est soumise à des conditions inflexibles qui peuvent se résumer en trois mots : naître, souffrir et mourir.

Le bagage des connaissances humaines s'accroît sans cesse ; malheureusement, il n'est pas pur de tout alliage, et les erreurs qui s'y mêlent viennent singulièrement contre-balancer les avantages que les hommes devraient retirer de cet accroissement ; de sorte que si leur sort s'est amélioré au point de vue exclusivement matériel, les conditions essentielles de leur existence ne se sont nullement modifiées.

Comme aux premiers jours du monde, l'homme naît sans le vouloir; il souffre malgré lui; il meurt au jour fixé par un pouvoir supérieur.

Mais, sous le rapport intellectuel, l'humanité si fière d'elle-même, est-elle réellement en progrès?

Hélas! dussions-nous attirer sur notre tête toutes les colères et toutes les haines, nous répondrons sans hésiter que l'humanité se précipite, au contraire, avec rapidité dans les voies de la décadence, et cela, malgré les avertissements et les lamentations des rares esprits d'élite qui voient le péril.

Voici nos preuves:

Le plus ancien poème épique, celui de Job, que plusieurs auteurs attribuent à Moïse, est certainement le plus sublime qui ait été écrit.

Lord Byron partageait, du reste, cette opinion, car il s'exprime ainsi :

« Le livre de Job est le premier drame du monde et peut-être le poème le plus ancien. J'ai eu l'idée de le traduire, mais je l'ai trouvé trop sublime. Il n'y a point de poème que je puisse comparer au livre de Job (1). »

Cet avis du célèbre littérateur anglais a tou-

1. *Conversations*, tome XII, page 326.

jours été celui des plus savants auteurs. Un de nos poètes français assez renommé, Baour-Lormian, essaya la traduction devant laquelle avait reculé lord Byron, mais il ne réussit que très médiocrement.

Après le poème de Job, et bien plus tard dans la nuit des temps, nous trouvons l'*Iliade* dont la beauté poétique, quelque grande soit-elle, reste à une distance considérable de celle du livre sacré.

Plus tard vint l'*Eneide*. C'est encore là un poème d'une haute valeur, mais il est bien inférieur à l'*Iliade*.

Après l'*Enéide*, et en suivant la même progression descendante, comme mérite poétique, nous rencontrons la *Divine Comédie*, la *Jérusalem délivrée* ;

Ensuite le *Paradis perdu* ;

Enfin la *Henriade*.

Depuis la publication de ce dernier livre, il n'a paru aucune œuvre méritant le nom de poème épique.

Il en est malheureusement ainsi dans toutes les branches de la grande littérature.

Nul n'égala Isaïe pour la sublimité incomparable de ses poésies lyriques.

Bien loin derrière lui, et pour le temps et pour la valeur littéraire, viennent se ranger d'abord le poète grec Pindare, puis, par ordre de mérite et toujours en déclinant, Horace et J.-B. Rousseau.

Nous ne citerons aucun autre nom après ceux-là. Nous ne trouverions plus que des chansonniers, et quels chansonniers ! !

Pour la poésie élégiaque, Jérémie a trouvé des accents ineffables qui vous obligent à verser d'abondantes larmes. Qui pourrait entrer en parallèle avec lui sous ce rapport ? Ce ne sont ni Ovide, ni Tibulle.

Dans le genre sombre et dramatique, la *Voluspa* tient incontestablement le premier rang. Huit cents ans plus tard, Milton parut, mais son œuvre est loin d'avoir la même valeur. Quant à lord Byron, il ne vient qu'en dernière ligne.

En philosophie spéculative, Cicéron est bien inférieur au divin Platon, et les néo-platoniciens, notamment Jamblique, n'approchent pas de Cicéron. Après eux il n'y a plus personne.

Dans la philosophie purement morale, Salomon, le plus ancien des philosophes, est demeuré le premier à tous égards.

Nous passons sous silence les philosophes chrétiens, parce qu'ils trouvent dans la doctrine de l'église une lumière sûre qui les empêche de s'égarer.

Quant à l'art oratoire, il a suivi, il faut le reconnaître, la même marche rétrograde. De

Démosthène à Cicéron, la distance est immense, et Bossuet est bien inférieur à saint Jean Chrysostôme.

Souvent on entend dire : « L'esprit court les rues. » Hélas ! cela est vrai dans un certain sens, car aujourd'hui, c'est très souvent dans le ruisseau que se traînent la littérature, la philosophie et même la science. Mais il n'y a plus d'homme, et si Diogène revenait sur la terre, il aurait autrement lieu de se lamenter qu'il ne le faisait de son temps.

L'homme se prétendait autrefois le roi de la création. Maintenant, non seulement il n'aspire plus à ce beau titre, mais il ne prend nul souci de ce qui peut relever sa propre dignité.

Plus de rois ! plus de princes ! plus de nobles ! plus de riches ! plus de classes dirigeantes ! s'écrie l'homme du dix-neuvième siècle. Pourquoi se fatiguer à regarder toujours en haut? Pourquoi s'inspirer d'une émulation gênante?

Et dans son égarement, l'homme moderne suit l'exemple de Procuste qui, ne voulant pas souffrir que les autres eussent une taille plus élevée que la sienne, les faisait coucher sur son lit, et retranchait impitoyablement ce qui dépassait la mesure.

Il y a quatre mille ans, les humains essayaien. de se grandir en s'attribuant une origine céleste

En Grèce, en Égypte, on regardait les princes comme des personnages divins.

Les Héraclides prétendaient descendre en ligne directe du Maître des dieux.

Le nom de Pharaon signifie fils de Phra, le dieu du jour.

L'histoire nous parle également des Phraates du royaume des Parthes, des Phraortes de la Médie. Tous étaient fils de Phra, le dieu-soleil.

Quant aux Nabuchodonosor, aux Nabonasar, aux Nabopolassar de l'Assyrie, qu'étaient-ils, sinon les fils de Nabo, le troisième personnage de la triade assyrienne?

Les Incas, qui régnaient au Pérou avant la conquête espagnole, se disaient, eux aussi, fils du soleil.

La Chine, le plus ancien empire du monde, est toujours appelée le Céleste-Empire, et ses souverains se font gloire du titre de Fils du ciel.

Hélas! maintenant, à cette époque de progrès et dans nos pays prétendus civilisés, l'homme borne son ambition à se faire passer pour descendant des singes!

Un poète disait jadis : « L'homme est un ange déchu qui se souvient du ciel. »

Aujourd'hui, il modifierait son vers et dirait :
« Est un singe grandi qui regrette les bois. »

Lorsqu'aux troisième, quatrième et cinquième

siècles avant notre ère, de grandes colonies assyriennes vinrent prendre possession de l'Europe, leurs chefs se proclamaient les fils du fameux Odin qui, d'ailleurs, n'était autre que le Nabo des Assyriens. Sciold, premier roi de Danemarck, était, ainsi que les rois de Suède, fils d'Odin, par Jugle; les souverains de Russie l'étaient aussi par Suarlami; ceux de Franconie, par Sigge; ceux de la Saxe occidentale, par Segdeg; ceux de la Saxe orientale et de la Westphalie, par Balder.

Sigge Fridulphson, roi des Ases de la mer Caspienne, était aussi petit-fils d'Odin. Il conduisit des colonies dans la Saxe, le Danemarck, la Suède et la Norvège, et fonda la ville d'Odin-Sée, en Fionie, vers l'an 25 avant notre ère.

Petits-fils d'Odin encore, les Saxons Horsa et Hengist qui, au cinquième siècle, envahirent les Iles Britanniques et y fondèrent le royaume de Kent.

Suivant quelques historiens, Odin était simplement un grand conquérant. Mais il ne faut pas oublier que les peuples septentrionaux le plaçaient au rang des dieux (1).

1. Jean et Olaüs Magnus. — *Histoire de Suède et Traité des mœurs, coutumes et guerres des peuples du Septentrion.* — Mallet. *Introduction à l'Histoire du Danemarck.* — Grabert de Hemso. *Saggio istorico Sugli Scaldi o antichi poeti Scandinavi.* Pisa, 1811. — De Hammer. *Dissertation sur la patrie primitive des Germains.*

Franchement, erreur pour erreur, nous préférons celle des petits peuples scandinaves criant en souvenir de leur origine : « Vivent les dieux de l'Olympe, nos aïeux ! » à celle des prétendus hommes de progrès de nos jours qui crient : « Vivent les singes, nos ancêtres ! » *Quomodo cecidisti de cælo, Lucifer, qui mane oriebaris* (1) ?

Nous venons d'assister à la décadence de l'humanité, sous le rapport littéraire et philosophique, aussi bien qu'au point de vue de la noblesse des aspirations.

Les œuvres de l'art nous offriront-elles, du moins, quelque compensation ?

Cela est impossible, car aussi bien que la poésie, l'art s'inspire de l'élévation des pensées et des sentiments.

N'est-ce pas surtout parce qu'ils se croyaient issus d'une origine divine que les peuples de l'antiquité conçurent et exécutèrent des œuvres si remarquables ? Ils nous léguèrent une multitude de monuments qui, par leurs proportions grandioses et leur richesse architecturale, excitent au plus haut point l'étonnement et l'admiration des peuples les plus civilisés de notre temps. On croirait volontiers que ces travaux ont été accom-

1. *Isaïe*, XIV, 12.

plis par de véritables géants. Du reste, on leur a donné le nom de chaussées de géants, de murs cyclopéens, etc...

Faut-il rappeler ici les murs en pierres de taille d'Echatane? Suivant Diodore de Sicile, ils avaient un développement de deux cent cinquante stades, soit, plus de cinq myriamètres. D'après le livre de Judith, la hauteur en était de trente coudées, soit quinze mètres. Leur épaisseur était de soixante-dix coudées, soit trente-cinq mètres.

Travaux inutiles, dira-t-on.

C'est possible, mais il n'en est pas moins vrai que des peuples minuscules, ne possédant que des ressources limitées, concevaient et accomplissaient des œuvres devant lesquelles reculeraient épouvantées les puissantes nations d'aujourd'hui, malgré toutes leurs richesses.

On ne nous permettrait pas d'ajouter qu'aucune nation ne pourrait, de nos jours, éxécuter de tels travaux. Qu'on lise cependant la citation suivante :

« Ayant franchi la ligne de faîte qui sépare le bassin de Kopal de celui de la Kora, j'atteignis sur le bord de cette rivière un point où la nature a ménagé, entre le torrent et la montagne, un espace d'environ deux cents mètres. A mesure que nous avancions, je me demandais si je n'avais pas sous les yeux quelque œuvre de Titans.

Devant moi se dressaient cinq énormes pierres rangées dans un ordre qui n'avait rien d'accidentel, mais qui dénotait l'intervention d'une intelligente volonté. Une de ces pierres, assez grande pour servir de clocher à une église, a soixante-seize pieds de haut sur vingt-quatre de long et dix-neuf de large. Elle se dresse à soixante-treize pas du pied des falaises... Les quatre autres varient de quarante-cinq à cinquante pieds de hauteur ; l'une mesure quinze pieds de côté ; les autres un peu moins... Plus grande encore est une pierre à demi ensevelie dans le sol (1). »

Nous voici donc en présence d'un monolithe d'environ douze cents mètres cubes. Que penseront nos architectes et nos ingénieurs, des hommes qui séparèrent le bloc de la montagne, qui le transportèrent à quelques lieues de là et le mirent en place ? Les ouvriers de nos jours sont-ils plus forts ou plus adroits ?

Sans doute, maintenant, on construit des monuments plus jolis et peut-être plus coquets. Mais cette finesse de détails est-elle une preuve de puissance ?

Non.

Eh bien ! alors, où est le progrès ?

Les hommes faits seraient-ils plus complets en redevenant enfants ?

1. Atkinson, *Voyages sur la frontière russe-chinoise.*

D'ailleurs, dans l'antiquité, l'art s'alliait toujours à la puissance.

Examinons, par exemple, le sphinx de granit de la grande pyramide de Giseh, placé, comme une vigilante sentinelle, à l'entrée du passage conduisant aux immenses hypogées que la pyramide recouvre.

Ce sphinx est couché sur un socle dont il fait partie et qui s'élève encore de six mètres au-dessus des sables qui l'enterrent peu à peu chaque année. Sa tête mesure six mètres depuis le menton jusqu'à la naissance de l'oreille.

Qui l'a amené là! D'où vient-il ?

Comment firent ceux qui l'y transportèrent?

Il ne faut pas oublier que le peuple qui exécutait ce travail ne peut, à aucun point de vue, être comparé à nos puissantes nations modernes. Il nous suffira de rappeler, pour le prouver, que 1725 ans avant l'ère vulgaire, le Pharaon qui régnait en Egypte, Manephta, fils de Ramsès le Grand, ou peut-être Ramsès lui-même, disait à ses conseillers : « Le peuple hébreu s'est multiplié prodigieusement ; il est devenu plus nombreux et plus fort que nous, Opprimons-le de peur qu'il ne nous opprime. »

Puis il donna l'ordre d'étouffer les enfants mâles au sortir du sein de la mère.

Cet ordre cruel ne fut pas exécuté dans toute

sa rigueur. Cependant, quatre-vingts ans plus tard, ce même peuple s'étant encore beaucoup accru, Moïse quittait l'Egypte à la tête de six cent mille hommes âgés de vingt ans au moins (1).

Telle était l'importance du peuple qui portait ombrage aux Pharaons. On doit juger par là combien étaient relativement peu nombreux ces Egyptiens qui accomplirent pourtant de si grandes choses.

A une époque plus rapprochée de nous, il y a déjà une grande diminution de force et de puissance d'exécution. Mais, néanmoins, à propos des ruines de Balbeck, voici ce que nous dit Volney, dans son *Voyage en Syrie et en Egypte* (2).

« Ce qui étonnera davantage, c'est l'énormité des pierres dont est formé le mur d'escarpement. A l'ouest, la seconde assise est formée de pierres qui ont depuis vingt-huit jusqu'à trente-cinq pieds de longueur, sur environ neuf de hauteur. Par-dessus cette assise à l'angle du nord-ouest, il y a trois pierres qui à elles seules, occupent un espace de cent soixante-quinze pieds et demi, à savoir, la première cinquante-huit pieds sept pouces, la deuxième cinquante-huit pieds onze pouces et la troisième cinquante-huit pieds, sur

1. *Exode*, I, 9 et *Num*, I, 46.
2. Tome II, page 223.

une épaisseur commune de douze pieds. La nature de ces pierres est un granit blanc, à grandes facettes. La carrière règne sous toute la ville et dans la montagne adjacente. Il y est resté une pierre taillée sur trois faces, qui a soixante-neuf pieds deux pouces de long sur douze pieds dix pouces de large, et treize pieds trois pouces d'épaisseur. Comment les anciens ont-ils manié de telles masses ? C'est, sans doute, un problème de mécanique curieux à résoudre. Les habitants de Balbeck l'expliquent commodément en supposant que cet édifice a été construit par les djenoun ou génies, sous les ordres du roi Salomon.»

Avec le philosophe voyageur, nous dirons volontiers :

Comment les Anciens pouvaient-ils travailler de telles masses, mesurant jusqu'à quatre cent trente-deux mètres cubes ?

Ils avaient certainement des moyens de transport que nous ne connaissons pas ; autrement, ils se fussent servis comme nous, pour leurs constructions, de petites pierres jointes ensemble.

Pourtant on nous dit que nous sommes en progrès !!!

On trouve encore à Balbeck les ruines d'un temple dont la vue réjouit jusqu'à l'extase ceux qui les contemplent, et devant lesquelles le froid

Volney lui-même ne put contenir son admiration. Mais laissons plutôt parler Lamartine.

« Le silence est le seul langage de l'homme quand ce qu'il éprouve dépasse la mesure ordinaire de ses impressions. Nous restâmes muets à contempler ces colonnes, et à mesurer de l'œil leur diamètre, leur élévation et l'admirable sculpture de leurs architraves et de leurs corniches. Elles ont sept pieds de diamètre, plus de soixante-dix pieds de hauteur; elles sont composées de deux ou trois blocs seulement, si parfaitement joints ensemble, qu'on a peine à discerner les lignes de jonction...

« Nos yeux ne savaient où se reposer. C'étaient partout des portes de marbre d'une hauteur et d'une largeur prodigieuse, des fenêtres ou des niches bordées de sculptures les plus admirables, des cintres revêtus d'ornements exquis... Partout chefs-d'œuvre de l'art, débris du temps, inexplicables merveilles autour de nous... On ne peut reconstruire par la pensée les édifices sacrés d'un temps ou d'un peuple dont on ne connaît à fond ni la religion ni les mœurs... Nous nous résignâmes à regarder et à admirer, sans comprendre autre chose que la puissance colossale du génie de l'homme, et la force de l'idée religieuse qui avait pu remuer de telles masses et accomplir tant de chefs-d'œuvre.

« A supposer que la race humaine n'ait jamais excédé ses proportions actuelles, les proportions de l'intelligence humaine peuvent avoir changé. Qui nous dit que cette intelligence plus jeune n'avait pas inventé des procédés mécaniques plus parfaits, pour remuer comme un grain de poussière ces masses qu'une armée de cent mille hommes n'ébranlerait pas aujourd'hui? Quelques-unes, qui ont jusqu'à soixante-deux pieds de longueur et vingt de largeur sur quinze d'épaisseur, sont les masses les plus prodigieuses que l'humanité ait jamais remuées... Plusieurs sont placées à des hauteurs énormes et posées comme avec la main, sans aucune cassure, sans même le bris d'une arête (1). »

Nous le demandons aux hommes compétents, lorsqu'on étudie ces travaux d'un autre âge, peut-on continuer à affirmer que, sous le rapport de l'art, le siècle présent soit en progrès sur ceux qui l'ont précédé?

Il serait plus exact de dire, au contraire, que plus on se rapproche du berceau du genre humain, plus les œuvres de l'homme prennent des proportions grandioses, en regard desquelles les ouvrages modernes ne sauraient entrer en parallèle.

Devant ces imposantes ruines de l'antiquité, le

1. *Voyage en Orient*, tome II.

même sentiment d'admiration respectueuse saisit tous les voyageurs. Lisons, par exemple, la description du temple d'Oukor-Wat, dans le Cambodje :

« A la vue du temple d'Oukor-Wat, l'esprit se sent écrasé, l'imagination surpassée. On regarde, on admire et, saisi de respect, on reste silencieux, car où trouver des paroles pour louer une œuvre qui n'a peut-être pas son équivalente sur le globe ? Quelle force a soulevé ce nombre prodigieux de blocs énormes jusqu'aux parties les plus élevées de l'édifice, après les avoir tirés de montagnes éloignées, les avoir équarris, polis, sculptés ?...

« Qu'il était élevé le génie de ce Michel-Ange de l'Orient qui a conçu une pareille œuvre, en a coordonné toutes les parties avec l'art le plus admirable, en a surveillé l'exécution et a obtenu dans tous les détails, de la base au faîte, un fini digne de l'ensemble et qui, non content encore, a semblé chercher les difficultés pour avoir la gloire de les surmonter et de confondre l'entendement des générations à venir.....

« Mais où retrouver l'origine de l'ancien peuple du Cambodje qui a laissé, d'une civilisation si avancée, d'aussi imposants vestiges (1) ? »

1. Mouhot. *Le Tour du Monde.*

Voilà ce qu'était autrefois le Cambodje. Si l'on compare son état actuel à son état ancien, là encore, trouvera-t-on le progrès?

Sa population a peut-être augmenté, mais qu'est devenue son antique civilisation?

Les sociétés savantes du Nouveau-Monde nous entretiennent souvent de nombreuses et importantes découvertes démontrant que ce continent était jadis habité par des nations puissantes et civilisées.

On sait ce que sont maintenant les naturels du pays. On sait ce qu'ils étaient lorsque Christophe Colomb débarqua dans leur contrée.

Encore une fois, ces peuples sont-ils en progrès?

Qu'on nous permette, au sujet des pyramides d'Égypte, une dernière citation empruntée à Volney.

« On commence à voir ces montagnes artificielles dix lieues avant d'y arriver. Elles semblent s'éloigner à mesure qu'on s'en approche. On en est encore à une lieue, et déjà elles dominent tellement sur la tête qu'on croit être à leur pied. Enfin, l'on y touche et rien ne peut exprimer la variété des sensations qu'on éprouve. La hauteur de leur sommet, la rapidité de leur pente, l'ampleur de leur surface, le poids de leur assiette, la mémoire des temps qu'elles rappellent, le calcul du travail qu'elles ont coûté, l'idée que ces immenses rochers sont l'ouvrage de l'homme si petit et si faible qui rampe à leur pied ; tout saisit à la fois le cœur et l'esprit d'étonnement, de terreur, d'humiliation, d'admiration, de respect (1). »

La base de la grande pyramide de Chéops est de six cents pieds, sa hauteur perpendiculaire de quatre cent quatre-vingts.

On a calculé que la masse entière du monument avait un volume de deux millions cent trente-trois mille mètres cubes.

Hérodote nous apprend que Chéops, qui régnait vers 850 avant notre ère, mit vingt années à la faire construire. Le tiers de la population de l'Égypte fut occupé à l'extraction, au transport, à la taille et à la pose des pierres.

Tel est l'édifice que nous a laissé un petit peuple moins important comme nombre que la plus modeste nation européenne.

Et maintenant, nous adressant aux puissantes nations de trente-cinq, quarante, cinquante ou soixante millions d'âmes, nous leur dirons : Que léguerez-vous à la postérité ?

Serait-ce la grande carcasse de fer que vous avez baptisée du nom de tour Eiffel ?

1. *Voyage en Syrie et en Egypte*, tome I, p. 254.

Peut-être nous objecterez-vous ceci : nous n'avons en vue que ce qui est réellement utile et pratique.

Alors, ne parlez plus de progrès. Si vous sacrifiez tout aux intérêts d'un ordre inférieur, vous ne ferez plus jamais rien de vraiment grand, et surtout rien de comparable aux œuvres de l'antiquité.

CHAPITRE IV

Suite du précédent. — Inventions modernes

Utilité de certaines inventions modernes. — Les Chinois et la poudre à canon. — Les anciens, précepteurs des modernes. — L'aérostat et Icare. — La téléphonie à Alexandrie. — La sténographie à Rome. — Les paragrêles de Louis le Débonnaire. — Le tunnel de Pausilippe. — La Sologne et le lac de Topolias. — Les puits artésiens de Tyr. — Le canal de Iu-ho. — Les tunnels sous la Tamise, l'Euphrate et le Nil. — Les Pharaons précurseurs du canal de Suez. — Les édifices religieux du moyen âge. — Les églises actuelles ne sont que des copies. — Les futurs émules des Lilliputiens. — La tour de Gatteville et le phare d'Alexandrie. — La colonne de la Bastille et le colosse de Rhodes. — Théâtres. — Aqueducs. — Ponts. — Les sculpteurs de l'antiquité. — Secrets perdus. — Progrès dans les petites choses. — Les portes du palais de Sardanapale. — L'instruction obligatoire sous Charlemagne. — L'extinction de la mendicité au neuvième siècle. — Pépin le Bref et le Jury. — Les costumes de nos ancêtres. — Supériorité physique des hommes d'autrefois. — La durée de la vie.

Il est convenu que l'état social se trouve profondément modifié par les inventions modernes, et nous ne nions nullement les bienfaits et les avantages de l'imprimerie, des chemins de fer, de la navigation à vapeur, de la boussole, du télescope, du microscope, du télégraphe électrique, etc., etc.

Quant à la poudre à canon, les modernes feraient aussi bien de ne point en revendiquer l'invention, parce qu'il s'agit là d'une chose bien plus nuisible qu'utile, puis, parce qu'il est avéré que les Chinois connaissaient les poudres détonantes bien des siècles avant les Européens.

Mais, nous le répétons, malgré ces découvertes, les anciens nous étaient incontestablement supérieurs en puissance de conception et en génie.

Leurs œuvres ne forment-elles pas la base de toute instruction sérieuse? Même pour apprendre notre propre langue, ne sommes-nous pas forcés d'aller à leur école?

Comment s'étaient formés intellectuellement Homère et Démosthène, Cicéron et Virgile? Nous n'en savons rien; mais ce dont nous sommes sûrs, c'est que, sans le secours de leurs beaux ouvrages, sans leurs œuvres, en quelque sorte, monumentales, nous ne serions pas capables de grand'chose. En tout et partout, ce sont ces grands maîtres de la littérature et de l'éloquence qui nous servent de modèles et de guides.

Mais vous oubliez la véritable science, vous oubliez nos inventions et nos inventeurs, dira-t-on.

En aucune façon; seulement, êtes-vous bien

certains de connaître les premiers inventeurs de toutes vos inventions? Par exemple, diriez-vous combien de merveilles dans les productions de l'esprit humain, de secrets et d'inventions de toute sorte ont pu être ensevelis sous les ruines des grandes villes de l'antiquité?

Et aujourd'hui même, si Paris venait à disparaître dans un cataclysme quelconque, — il n'en est pas plus à l'abri, vous l'admettrez bien, que Troie, Babylone et Carthage, — eh bien! est-ce qu'avec Paris, la capitale du monde civilisé, comme on l'appelle, ne disparaîtraient pas des richesses incalculables en lettres, arts, sciences, voire même des découvertes et secrets précieux!

Vous avez trouvé l'aérostat.

Détrompez-vous.

Par quel moyen Dédale et Icare seraient-ils sortis de leur prison s'ils ne s'étaient servi d'aérostat? Icare, il est vrai, ne sut pas maîtriser la force ascensionnelle du sien et se tua. Mais parmi nos contemporains, combien ne furent pas plus heureux ou plus habiles! Le nom de la mer Icarienne perpétua le souvenir de la catastrophe. Dédale réussit mieux dans son entreprise, puisque, après sa délivrance, il vécut assez longtemps pour couvrir la Sicile et la Sardaigne d'un grand nombre de monuments dont plusieurs existent encore.

Vous croyez avoir inventé la téléphonie, qui permet de converser à de grandes distances,

N'est-ce pas une nouvelle illusion?

Lorsque Théodose détruisit le temple de Sérapis à Alexandrie, en 389, on découvrit des appareils souterrains au moyen desquels les prêtres de l'idole lui communiquaient de loin la parole.

Vous avez inventé, dites-vous, la sténographie.

Détrompez-vous encore.

Sous les anciens, cet art était tombé dans le domaine public. Du temps des empereurs, à Rome, il y avait de nombreux individus chargés de recueillir les notes devant servir à dresser les conventions. C'est même de là qu'est venue la dénomination de notaire.

Et le paratonnerre, vous le revendiquez aussi comme une invention moderne.

Vous oubliez que dans les Capitulaires de Louis le Débonnaire, ce monarque défendait expressément qu'on attachât des cédules aux longues perches servant de paragrêle, cet usage étant considéré comme superstitieux (1).

Vous percez des montagnes pour faire passer vos chemins de fer, et vous creusez ainsi des souterrains que vous appelez tunnels.

Très bien. Seulement, nous vous ferons remar-

1. *Legis francicæ*, lib. IV, cap. XLVII, in fin., Edit. Basilœ, MDLVII.

quer que vos tunnels ne sont en réalité que des couloirs ne pouvant guère se comparer à la galerie de la montagne du Pausilippe, qui a une longueur d'une demi-lieue, vingt-cinq pieds de hauteur et quarante pieds de largeur. C'est une véritable grand'route où les véhicules de toute sorte circulent à l'aise et en tous sens. Qui a exécuté ce travail? On n'en sait rien. Peut-être remonte-t-il au temps des premiers colonisateurs venus des rivages de la Grèce.

Il existe en France une contrée qui s'appelle la Sologne et qui n'est qu'un vaste marais malsain et improductif.

Pourquoi ne le desséchez-vous pas? Vous avez essayé, mais vous n'avez pas réussi.

Alors, vous êtes bien au-dessous des hommes d'autrefois, qui, il y a quatre mille ans, percèrent trois tunnels dans le mont Ptoüs, en Béotie, pour faire écouler vers la mer les eaux du lac de Topolias. Plus tard, ces tunnels s'obstruèrent, faute d'entretien, et l'on raconte qu'Alexandre le Grand essaya de les rétablir et n'y put parvenir. Le conquérant n'était déjà plus de la taille de ceux qui avaient exécuté ces gigantesques travaux. Rien n'avait été négligé dans la construction de ces galeries souterraines, pas même, comme on pourrait le croire, les soupiraux et les canaux de dessèchement.

Vous vous glorifiez encore de l'invention des puits artésiens.

Allez donc d'abord au pied de l'Anti-Liban. Vous y verrez les trois puits qui fournissaient de l'eau à la ville de Tyr. Ils ont cent quatre-vingts pieds de profondeur en moyenne. Le principal d'entre eux, qui est octogone, mesure soixante et un pieds de diamètre. Tous ils sont couronnés d'une maçonnerie de dix-huit pieds d'élévation plus dure que le ciment et par-dessus laquelle l'eau s'épanche en bouillonnant à grands flots. Ces puits, au rapport de l'historien Ménandre, existaient dès le temps de Salmanazar, il y a deux mille sept cents ans (1).

Est-ce qu'à côté de ces vastes réservoirs vos modestes puits artésiens ne ressemblent pas aux chalumeaux dont les enfants se servent pour faire des bulles de savon?

Nous ne nous permettrions pas de douter des lumières et de la puissance de MM. les ingénieurs européens du dix-neuvième siècle. Pourtant, ils seraient sans doute fort surpris si nous leur demandions d'ouvrir un canal partant de Bordeaux ou de Nantes, par exemple, traversant toute l'Europe et allant rejoindre la mer Caspienne ou la mer Noire.

1. Fl. Josèphe, antiq.. liv. IX, c. XIV.

Ce travail ne serait cependant pas plus extraordinaire que celui auquel a donné lieu l'ouverture du canal de Iu-ho.

Le Iu-ho traverse toute la Chine sur une longueur de six cents lieues, avec une largeur qui permet aux navires de tout tonnage d'y évoluer facilement même à la voile. Il assainit et fertilise les provinces par où il passe, soit en leur enlevant la surabondance de leurs eaux, soit en leur en fournissant quand elles en manquent. Ce canal est la plus grande et la plus importante voie commerciale du vaste empire. Il fut construit en 1280, par le conquérant tartare Koublaï-Kan qui, préalablement, avait fait prendre par des géographes un relevé de tous les cours d'eau de l'empire et par les astronomes un relevé de toutes les altitudes, depuis le cinquante-cinquième degré nord, jusqu'au sixième, non seulement en Chine, mais dans la Tartarie, la Corée et le Tonkin.

Auprès du Iu-ho, que sont nos canaux, s'il vous plaît, sinon des petits rubans de trois brasses de large, le long desquels des chevaux éreintés ou de grandes files d'hommes traînent péniblement des petits bateaux en forme de cercueil, que les patrons dirigent avec de longues perches?

Vous avez fait récemment un tunnel sous la Tamise.

Cela est vrai, mais il en existait un du même

genre sous l'Euphrate, à Babylone, il y a bien près de quatre mille ans, et un autre en Egypte, sous le lit du Nil. On voit encore notamment, entre Korna et Habon, sur les deux rives de ce dernier fleuve, les puits de descente qui correspondaient d'un nome à l'autre.

Arrivons au canal de Suez, une des plus grandes pensées du dix-neuvième siècle.

Certes nous ne prétendons point en médire, et nous reconnaissons son immense utilité. Mais son exécution offrit-elle plus de difficultés que celle du canal des Pharaons qui mettait le Nil en communication avec la mer Rouge, canal que le kalife Omar fit rétablir depuis?

Strabon parle aussi d'un canal qui reliait les deux mers. Il aurait été construit sous un Sésostris, dans le temps de la guerre de Troie.

A ce sujet, Volney remarque que ce travail avait produit assez de sensation pour qu'on eût noté qu'il mesurait cent coudées ou cent soixante-dix pieds de largeur, sur une profondeur suffisante à un navire de fort tonnage (1).

Vous édifiez, nous le reconnaissons, d'assez jolis palais, voire même de belles églises. Mais laissez-nous vous le dire, pour les édifices religieux en particulier, vous n'arrivez même pas à la

1. Vol. Ier, p. 194.

hauteur du moyen âge, ce moyen âge pour lequel vous affectez pourtant un si profond dédain.

Qu'il nous suffise de citer les cathédrales de Bourges, de Chartres, de Rouen, de Paris, de Bayeux, de Coutances; l'Abbatiale de Saint-Etienne de Caen, etc, etc.

La générosité des catholiques est inépuisable et ce ne sont pas les millions qui font défaut, lorsqu'il s'agit de bâtir des églises.

Cependant qu'avez-vous su faire en ce genre depuis trois quarts de siècle, notamment à Paris?

Un seul édifice remarquable bien qu'il n'ait guère l'apparence d'un temple chrétien : la Madeleine. Mais c'est une simple copie. Saint-Vincent de Paul est encore une copie, de même que Sainte-Clotilde.

Le siècle précédent nous avait du moins légué le Panthéon qui est véritablement une œuvre grandiose; mais vous, hommes du dix-neuvième siècle, que laisserez-vous?

Vous n'avez pas encore le droit de parler de l'église de Montmartre.

Ah! l'humanité est en progrès, dites-vous! Pourtant, le temps est proche où vos descendants bâtiront des palais de quatre mètres carrés, et s'estimeront trop heureux de marcher en tout sur les traces des nains de Gulliver.

Vous construisez des phares sur les points les

plus dangereux des côtes. Nous en connaissons même de très remarquables, notamment celui de Gatteville, dans la Manche. Mais ils sont loin de valoir le phare d'Alexandrie qui fut élevé par Ptolémée-Philadelphe, 284 ans avant notre ère. Il coûta huit cents talents, soit deux millions cinq cent quatre-vingt-quinze mille francs de notre monnaie. Sa hauteur est de trois cents coudées, soit cent cinquante mètres, et son feu est visible à cent milles en mer.

Vous avez édifié quelques statues remarquables par leurs proportions, par exemple, celle aussi laide qu'indécente couronnant la colonne de la Bastille.

Mais qu'est-ce que cela à côté du colosse de Rhodes, statue d'airain fabriquée par Charès, disciple de Lysippe, trois siècles avant notre ère, et qui avait soixante-dix coudées de hauteur, soit trente-cinq mètres?

Lorsque les Sarrazins s'emparèrent de Rhodes, en 667, ils brisèrent cette statue et, de ses débris, ils retirèrent, dit on, la charge de neuf cents chameaux.

Vous vous vantez de vos théâtres. En avez-vous construit un seul qui vaille le Colysée?

Vous parlez de vos aqueducs.

Présentez-nous en un digne d'être comparé au pont du Gard bâti par les Romains.

Et les ponts, que vous jetez sur vos fleuves,

peuvent-ils entrer en comparaison avec le pont du Danube, élevé par Trajan, et qui a trois cent quatre-vingt-onze toises de long, soit cinq cent vingt-cinq mètres?

Vos sculpteurs travaillent-ils aussi bien le granit et le marbre que ceux de Balbeck, de Palmyre, etc.?

Vos statuaires sont-ils supérieurs à ceux de la Grèce?

Sans parler même de ces œuvres qui excitent l'enthousiasme et l'admiration de tous, où trouveriez-vous un artiste qui se chargeât de refaire la colossale statue en marbre de Paros dite la Victoire, apportée en 1863, de l'île de Samothrace, et qui est actuellement au Louvre, salle des Cariatides?

Vous devez avouer aussi que, si vous avez à votre actif quelques inventions, vous avez perdu, en revanche de précieux secrets connus des anciens, tels que le feu grégeois, le miroir d'Archimède, etc.

Combien d'autres secrets ont été ensevelis sous les ruines des cités disparues?

Il est cependant un point sur lequel on pourrait vous accorder quelque supériorité; c'est l'art de travailler les petites choses.

Votre bijouterie, par exemple défierait ce que nous a légué l'antiquité. Vos bonbonnières son charmantes. La finesse et le poli de vos aiguilles à broder ne laissent rien à désirer. Vos étoffes sont supérieurement tissées, quoiqu'en général, elles soient plus brillantes que solides. Pourtant vos toiles ne dureront pas aussi longtemps que celles fabriquées par les Egyptiens, il y a quarante siècles, et avec lesquelles ils enveloppaient leurs momies (1).

Vos bronzes sont délicatement travaillés, et vos meubles sont jolis, gracieux et marqués au coin du bon goût, en admettant toutefois que le goût du jour soit le meilleur. Vos médailles et vos monnaies sont frappées avec une netteté et une précision remarquables.

Mais êtes-vous certains que, sous ces divers rapports, les anciens ne faisaient pas aussi bien? Car, il faut l'avouer, nous manquons de termes de comparaison.

1. On vient de découvrir, parmi les momies des rois d'Egypte, près de Thèbes, celles de Ramsès le Grand, le Sésostris des Grecs. Elle est dans un état parfait de conservation. Le corps est enveloppé dans un tissu plus fin que la mousseline des Indes, et sur lequel sont brodés, avec un art exquis, des fleurs de lotus. La caisse, en bois de sycomore, est ornée de sculpture du plus beau style.

Ramsès le Grand est le même dont l'inscription de l'obélisque de la place de la Concorde célèbre les victoires.

C'est vers la fin de son règne, c'est-à-dire 1725 ans avant Jésus-Christ, que naquit Moïse, le futur libérateur des Hébreux.

Si, à la suite d'un bouleversement quelconque, tous ces objets si gentils, si coquets, se trouvaient ensevelis dans le sein de la terre, puis que, dans deux mille ans et plus, nos arrière-neveux les découvrissent, pourrait-on dire dans quel état la terre les rendrait?

C'est alors seulement qu'il y aurait lieu d'établir une comparaison entre eux et les ouvrages des anciens. Lesquels remporteraient le prix? Nous n'en savons rien, ni vous non plus.

Et même, au sujet de ces œuvres d'un ordre secondaire, ces minuties, si l'on peut s'exprimer de la sorte, nous sommes souvent forcé de constater votre infériorité. Ainsi, vous faites moins bien la gravure sur pierre fine; les camées antiques valent mieux que les vôtres. Il y a des milliers d'années, des charlatans de bas étage vendaient déjà à vil prix des abraxas; c'étaient des sortes d'amulettes servant de préservatifs pour la colique. Eh bien! le travail de ces objets dépassait tout ce qui se fabrique de nos jours, en fait de timbres et de cachets armoriés.

Depuis quelques années, on peut admirer au British Museum les plaques de bronze des portes du palais triomphal d'Assur nasir Pal, lisez Pal, nasir d'Assyrie ou Sardanapale. Ces portes, qui ont plus de deux mille cinq cents ans d'existence, mesuraient 6^{m}70 de hauteur sur 4^{m}55 de largeur. Pas n'est besoin de rappeler ici les vicissitudes de tout genre qu'elles ont subies, depuis l'époque du triomphe de Sardanapale, triomphe, d'ailleurs, fort éphémère, jusqu'au jour encore récent où elles ont été découvertes dans les ruines du palais de Balawat, situé à treize lieues au nord-est de Calah. Elles représentent les victoires et conquêtes du monarque assyrien. Nul travail au repoussé, exécuté de notre temps, ne leur est supérieur, et on les compare, comme valeur artistique, aux plaques de la colonne Vendôme fondues en 1806, par le célèbre Launay.

Et dans le domaine des idées, des systèmes, des réformes, vous vous croyez bien forts, messieurs les savants.

Ah! nous en sommes désolé, mais vous nous voyez contraint de vous répéter qu'il n'y a rien de nouveau sous le soleil; que vous ne faites qu'emprunter au bon vieux temps et que votre progrès n'est qu'un mauvais pastiche du passé.

Vous inventez, dites-vous, des systèmes de gouvernement plus en rapport avec les mœurs et les aspirations des peuples modernes.

Vous ne vous rappelez plus alors que les peuples de l'antiquité ont essayé tour à tour tous les genres de monarchie et tous les genres de république, et que même, ce n'était pas le système républicain qui, chez les Grecs et les Romains, par exemple, assurait le mieux le bonheur du peuple.

Vous décrétez, dites-vous, l'instruction laïque, gratuite et obligatoire.

Mais déjà, dans la législation de Charlemagne, on trouve des prescriptions imposant au père et à la mère, ou, à leur défaut, aux ascendants, ou bien encore aux parrain et marraine à défaut d'ascendants, l'obligation rigoureuse de faire instruire les enfants. Meilleur logicien que vous, le grand empereur n'excluait personne du droit d'enseigner.

Mais, dira-t-on peut-être, Charlemagne n'était pas obéi.

Erreur profonde. Des inspecteurs appelés *Missi dominici* parcouraient l'empire avec mission de veiller à l'exécution de la loi. Toutefois ceux qui se croyaient lésés par ces inspecteurs avaient la faculté d'en appeler au tribunal de l'empire.

Vous vous attribuez l'honneur d'avoir provoqué l'extinction de la mendicité, la répression du vagabondage.

Hommes de progrès, vous êtes en retard de plus de mille ans, car ce même Charlemagne a pris l'initiative d'une loi beaucoup plus sage que tous vos décrets. En voici les dispositions essentielles :

« Deviennent passibles de la prison les vagabonds et les mendiants valides. Quant aux invalides, ils seront reconduits à leur domicile. Chaque famille est tenue de subvenir aux besoins de ses membres. Lorsqu'il n'y a pas de famille, la charge de soutenir les pauvres incombe à la communauté des habitants. »

A cette époque on ne connaissait encore ni la commune, ni même la paroisse.

Vous ne pouvez même pas vous vanter d'avoir inventé le jury, car il a été institué pour la première fois par la loi salique (1), et maintenu par une autre loi de Pépin le Bref (2).

Des inventions que vous pouvez revendiquer, par exemple, c'est le frac de cérémonie, vulgairement appelé habit à queue de morue, et le fameux chapeau à haute forme dit tuyau de poële.

Eh bien! à notre humble avis, les Grecs et les Romains s'habillaient un peu mieux que vous, et sans remonter si loin, les costumes du temps de Louis XIV et Louis XV étaient autrement gracieux que les vôtres.

Et si de l'habit nous passons au personnage proprement dit, oseriez-vous soutenir que, même

1. Titre LXXVI, *de Anstrusione.*
2. Titre XV, *de Juramento.*

au point de vue physique, les hommes d'aujourd'hui soient plus beaux, plus grands, plus forts qu'ils n'étaient autrefois?

Franchement, pour se convaincre du contraire, il suffit d'examiner les bustes, les statues, les ossements, les momies des hommes d'il y a trois, quatre et cinq mille ans.

Un grand poète, disait il y a trois mille ans : « La limite ordinaire de la vie est fixée à soixante-dix ans, et pour les plus robustes à quatre-vingts. Au delà, ce ne sont plus qu'infirmités et douleurs (1). »

N'en est-il pas de même encore aujourd'hui?

Il est bien petit le nombre de ceux qui dépassent cette limite normale.

Convenons donc alors que, s'il fut un temps où l'humanité progressait au point de vue physique, il y a plus de cinq mille ans qu'elle est tout au moins demeurée stationnaire.

1. Ps. LXXXIX, v. 10.

CHAPITRE V

Suite du précédent. — Sauvagerie et barbarie

La sauvagerie est un déclin. — Les sauvages de l'Amérique et de l'Océanie. — Leur infériorité intellectuelle. — Vains efforts des Espagnols et des Portugais pour implanter la civilisation en Amérique. — Costumes de gala chez les sauvages. — Des avances inutiles. — Incorrigibles défauts des peuplades sauvages. — Difficultés de l'œuvre des missionnaires. — Un singulier néophite. — La civilisation ne peut revivre chez les sauvages. — Différence entre le sauvage et le barbare. — Décadence de l'empire romain. — Une nouvelle invasion des barbares.

Les savants modernes admettraient peut-être volontiers que l'agriculture fut enseignée aux humains par Cérès, que Triptolème inventa la charrue, et que Minerve fit naître l'olivier.

Mais, suivant eux, avant ces personnages plus ou moins mythologiques, les hommes étaient réduits à un véritable état de sauvagerie, et n'avaient pour toute nourriture que les glands des forêts.

Fadaises encore que tout cela.

La sauvagerie n'est pas une aurore, c'est un déclin. Ce n'est pas un germe, mais bien une décomposition.

Ce n'est pas un commencement ; c'est une fin.

Quand on est tombé dans l'état de sauvagerie, on ne s'en relève jamais.

Depuis la découverte de l'Amérique et des îles de l'Océanie, pouvez-vous citer une seule peuplade sauvage qui ait fait un pas vers la civilisation ?

Connaissez-vous une tribu qui se soit policée au contact des Européens ?

Partout il a fallu détruire les sauvages, ou du moins les refouler loin des centres habités en leur assignant des limites infranchissables.

Ils n'ont jamais rien voulu recevoir des Européens, si ce n'est de l'eau-de-vie, ou eau-de-feu comme ils l'appellent, avec laquelle ils s'enivrent de la manière la plus abjecte, ou bien encore des fusils pour s'entre-tuer, ou tuer ceux-là même qui les leur avaient procurés.

On n'a pas vu, depuis trois siècles, une seule peuplade sauvage consentir, soit à recevoir l'instruction, soit à s'habiller à l'européenne, soit à se livrer au travail, soit à se nourrir d'aliments préparés à la façon des peuples civilisés.

Jamais un sauvage, ni même un descendant de sauvage n'est devenu savant, littérateur ou même simplement grammairien.

On a souvent essayé d'apprivoiser les bêtes sauvages. Cela a toujours été en vain. Vous garderez un jeune sanglier pendant un an, un petit renard ou un louveteau jusqu'à l'âge de six mois. Un beau jour, ils briseront leurs chaînes et reprendront le chemin de la forêt, sans avoir adouci leurs mœurs, sans paraître regretter l'abondance de leur première condition.

Il en est de même des jeunes sauvages de la grande famille humaine. Jusqu'à l'âge de douze ou treize ans, ils ne manquent ni de douceur ni de soumission, et on en voit qui, sans avoir beaucoup de facilité, montrent cependant quelque aptitude pour les choses de l'intelligence. Puis, passé cet âge, le naturel reprend le dessus ; toutes leurs connaissances s'évanouissent et la vie sauvage est la seule qui semble leur offrir des charmes (1).

Mille essais divers ont été tentés sur tous les points, et les résultats ont toujours été négatifs.

Lors de la découverte de l'Amérique, les Espagnols et les Portugais voulurent de gré ou de force, amener au Christianisme et à la civilisation les peuplades sauvages de ce pays. Prédications

1. *Pueri eorum sunt ingenio satis docili ; verum quando adolescentiam ingrediuntur, fiant hebetiores, ita ut paucos videre liceat litteris instructos, aut qui artem scribendi norint, aut alias artes europæas ; a quibus quodam modo abhorrent laborum, impatientiores.* » — Margrave. *De Brasiliæ regione et indigenis*, p. 14. — Ce que Margrave dit des enfants Brésiliens est applicable aux sauvages de tous les pays.

de toute sorte, démonstrations, exhortations, tout fut inutile; les moyens violents ne produisirent pas de meilleurs résultats.

Comment expliquer cela? Ce n'est pas entêtement de la part de ces sauvages, non. Ils sont simplement réfractaires à toute civilisation.

Parfois des gouverneurs de colonies, des directeurs de factoreries européennes ont voulu gagner les peuplades sauvages de leur voisinage en leur offrant des spectacles et des réjouissances semblables à ceux des peuples civilisés. Ils leur distribuaient même des vêtements pour qu'ils parussent aux cérémonies dans un état plus décent.

Qu'advenait-il?

Les invitations étaient acceptées. Cependant, au jour convenu, les chefs de tribu venaient à la fête avec un habit, mais sans pantalon; leurs femmes, pour tout vêtement, portaient un chapeau enrubanné et des gants!

Ces relations se prolongeaient quelquefois pendant plusieurs années. Néanmoins, au bout de ce temps, les mœurs des sauvages restaient les mêmes, leur voisinage était toujours aussi incommode ou aussi dangereux, et il fallait recourir aux moyens extrêmes pour s'en débarrasser.

Bien qu'ils semblent ignorer absolument les règles de la modestie et de la pudeur, les sauvages n'ont pourtant que très peu de penchant à la lubricité.

Pour eux, prendre n'est pas voler. Tuer est un acte très ordinaire lorsqu'il s'agit de venger une injure grande ou petite. Jamais on ne leur ôtera de l'idée que la chair humaine n'est pas un mets délicieux. Prévoir l'avenir, améliorer son sort, sont pour eux des mots vides de sens, et ils ne veulent pas se donner la peine de travailler.

Ils n'ont pas davantage le sentiment de la bravoure, et entre eux la guerre s'éternise de peuplade à peuplade, de race à race, sans trêve ni traité. Ils s'attaquent par surprise, se font la guerre pour s'entre-tuer et s'entre-tuent pour se manger.

Après un demi-siècle de travaux, de dévouement, de luttes, de patience, de charité, d'évangélisation et de bienfaits de toute sorte, dans les îles de l'Océanie ; après deux siècles des mêmes efforts et des mêmes vertus sur le continent américain, nos missionnaires chrétiens n'entrevoient pas encore le moment où leur œuvre pourrait subsister seule pendant une génération.

Pour aller à l'église, les sauvages consentent à prendre une jaquette ; leurs femmes revêtent une chemise, mais c'est simplement parce que le père en a manifesté le désir, et ils trouvent cela fort incommode.

Le missionnaire leur distribue des graines de légumes et de céréales venues d'Europe. Ils les sèment volontiers, mais ne veulent pas s'astreindre à recueillir la semence pour l'année suivante; de sorte qu'il faut en faire revenir d'autres.

Le père plante un arbre fruitier. A la première récolte, les sauvages le coupent par la moitié pour que les enfants puissent cueillir aisément les fruits. Si on leur adresse un reproche : Père, répondent-ils, tu en planteras d'autres.

Un jour un chef de peuplade qui avait favorisé les travaux d'un missionnaire pendant près de dix ans, vint lui dire en s'agenouillant à ses pieds : — Père, je crois au Dieu que tu prêches. Je veux aussi être chrétien ; baptise-moi. — Mon ami, répondit le prêtre, je ne puis accéder à ta prière, parce que tu as deux femmes. — Le sauvage s'éloigna plein de tristesse. Huit jours plus tard, il revient auprès du missionnaire. — Père, lui dit-il encore, baptise-moi ; je n'ai plus qu'une femme. — Qu'est devenue la seconde? demanda alors le prêtre. — Je l'ai mangée ! répliqua le sauvage.

Tels étaient les sauvages, il y a trois cents ans, tels ils sont encore aujourd'hui, malgré leur contact avec les peuples civilisés. D'ailleurs leur nombre diminue de jour en jour, et beaucoup de peuplades ont même entièrement disparu.

Malgré cela, nos grands savants modernes prétendent que la civilisation est à l'état latent chez les sauvages; qu'il ne faut qu'une circonstance favorable pour qu'elle se développe tout à coup et produise des résultats inattendus.

C'est une erreur formidable. La civilisation est bel et bien morte au sein des peuplades sauvages, et rien ne saurait la faire revivre.

On voudrait nous faire croire que les soldats d'Annibal, les héros des Thermopyles, les philosophes du Portique et de l'Académie, les Lycurgue et les Appelle, les Homère et les Agamemnon étaient les descendants de semblables êtres qui, par la sélection, se seraient peu à peu transformés et améliorés.

Mais s'il en avait jamais été ainsi, les temps seraient donc bien changés, puisque les sauvages de nos jours ne s'améliorent même pas au contact des missionnaires qui, pourtant, exercent sur eux un ascendant considérable?

Ce n'est pas que les travaux de ces derniers soient absolument vains. Non; au point de vue moral, ils obtiennent certainement des mœurs plus pures, plus douces, plus honnêtes. Cependant, ils ne parviennent pas à développer l'intelligence des sauvages même jusqu'au niveau de l'instruction la plus élémentaire.

Pour assurer la perpétuité de l'œuvre des

missionnaires, il faudrait établir des écoles, ouvrir des séminaires, etc, car jamais les sauvages, êtres passifs par excellence, ne prennent aucune initiative. Mais, sous ce rapport, on n'est pas plus avancé que le premier jour.

Comment soutenir, en présence de ces faits, que la sauvagerie est un état qui peut s'améliorer?

Non, nous le répétons, ce n'est point une aurore, c'est une décadence.

Ainsi, en Amérique, on trouve sur un grand nombre de points des preuves incontestables d'une civilisation antérieure qui, bien que différente de celle de l'ancien continent, s'est traduite par des travaux et des constructions dont on ne s'explique pas bien l'usage. Etaient-ce des monuments commémoratifs, des tombeaux, des temples élevés à la divinité? Nul ne le sait. Inutile surtout de le demander aux peuplades sauvages de ces contrées, car elles attribuent l'existence de ce qu'elles ne comprennent pas aux génies invisibles qu'elles invoquent dans leurs jours de malheur ou dans leurs moments de frayeur.

C'est donc une profonde erreur de croire que l'état social actuel des peuples civilisés a été précédé de l'état sauvage.

Il ne faut pas confondre, en effet, les peuplades sauvages avec les peuples barbares. Les peuples auxquels on a donné ce dernier qualificatif, se composaient d'individus qui n'étaient dépourvus ni de bon sens ni de jugement, ni même d'aptitudes pour les sciences et les lettres. Ils avaient des mœurs relativement austères; seulement ils vivaient dans la privation du bien-être que procure une civilisation raffinée.

Le sauvage ne désire pas, ne comprend pas, n'accepte même pas les bienfaits de la plus élémentaire civilisation. Il ressemble en quelque sorte, à l'oiseau qu'on retient de force dans la cage où, cependant, il rencontre un abri sûr et la vie facile.

Le barbare, au contraire, embrasse avec enthousiasme tous les avantages de la civilisation aussitôt qu'il est mis à même de les connaître. Voilà pourquoi tant de peuples barbares se précipitèrent sur l'empire romain, lorsque la surabondance des jouissances matérielles en amena la décomposition.

Le même phénomène pourrait bien se reproduire à deux mille ans de distance pour certaines nations modernes qu'une civilisation raffinée a conduites sur cette pente fatale où s'effondra l'empire romain.

A présent comme jadis, il est des barbares ou des demi-barbares qui ne demanderaient qu'à s'asseoir au banquet préparé par les vaincus.

RÉSUMÉ

Arrivé au terme de ce travail, nous allons, en quelques mots, essayer d'en résumer les conclusions principales.

Le monde n'a ni cent mille, ni trente mille, ni même dix mille ans d'existence.

Aucune notion historique ou scientifique ne permet de le faire remonter au delà de sept mille ans.

Quant à la durée des périodes différentes ou jours, durant lesquelles s'est accomplie l'œuvre de la création, il faut se garder de poser des limites absolues.

L'humanité n'est pas en progrès, si ce n'est par l'augmentation du nombre de ses membres, mais la sentence prononcée jadis par Isaïe reste toujours vraie : « Le nombre ne fait pas le bonheur. » *Multiplicasti gentem et non magnificasti lætitiam.* (IX — 3.)

La science a, dans ces derniers temps, étendu son domaine dans des proportions considérables, et c'est ce qui a le plus grandement contribué à développer le bien-être général. Cependant le bonheur, la valeur pour l'homme n'est pas la conséquence nécessaire du bien-être : Il peut posséder d'immenses richesses, jouir de toutes les prospérités matérielles et, néanmoins, être très malheureux, très indigne.

Au point de vue moral, le bien-être est un dissolvant. Il amollit et aveugle l'individu jusqu'à lui enlever peu à peu toute élévation de sentiments. Il obscurcit l'intelligence d'un peuple au point de lui enlever même la perception des plus simples conditions de son existence.

Loin donc d'aider au progrès véritable, le bien-être entraîne l'humanité vers la décadence. Il fut la cause de la chute d'un grand nombre d'empires et de républiques.

L'humanité ne vient pas des singes.

Evolue-t-elle vers la race simienne? Nous ne voudrions pas le dire ; mais on le croirait volontiers parfois, tant elle paraît méconnaître sa noble origine et ses destinées immortelles.

Dominant toutes les ruines, le Christianisme, comme un arbre gigantesque, continue d'étendre ses rameaux sur toute la surface de l'univers et, là encore, se réalise la promesse de son divin fondateur : « Le ciel et la terre passeront, mais mes paroles ne passeront pas (1). »

1. *Cœlum et terra transibunt, verba autem mea non transibunt.* — Saint-Mathieu, ch. XXIV.

FIN

TABLE DES MATIÈRES

Pages

Introduction 5

PREMIÈRE PARTIE

Chapitre Ier. — Le Darwinisme

Exposé du système. — La sélection naturelle. — Où parviendra l'homme? — Le gorille et l'anthropoïde. — La division des races. — Les cinq types générateurs. — Qui est le numéro un? — Savants métaphysiciens ou positivistes? — Une morale commode. — Théories absurdes. — Les épouses du gorille et de l'anthropoïde. — Les espèces ne se transforment pas. — Les avantages de l'évolution progressive. — On ne peut vaincre la mort. — La sybille de Cumes . . . 7

Chapitre II. — Les simiens nos ancêtres

Suite de l'exposé du Darwinisme. — Races simiennes et races humaines. — Évolution des races. — Que n'avons-nous des ailes! — Une bête ne devient pas un homme. — Equilibre entre la force et la faiblesse. — Hommes et cèdres. — L'état glaciaire, terme fatal de l'univers. Squelette humain et squelette de gorille. — Au-

Pages

tres différences. — Les gorilles d'Hannon. — Physiologie simienne. — Les trois règnes de la nature. — La souffrance et la mort. 23

CHAPITRE III. — L'HOMME PRÉHISTORIQUE.

Fils de singe, frère de singe. — Quatre étapes. — Les émules de Jules Verne. — Pauvres charpentiers ! — Les anthropoïdes de la forêt de Saint-Germain en l'an de grâce 1891. — Haches de silex. — Les pierres magiques. — Antiques presse-papiers. — Bos-primigenius, rennes et mammouths. — Refroidissement et dépopulation des pays septentrionaux. — Les armateurs dieppois. — Savantes recherches et piètres résultats 39

CHAPITRE IV. — LA LITHOLATRIE

Une trop longue histoire. — Les bétyles ou pierres divines. — Les couteaux de pierre. — Des haches peu tranchantes. — Modernes antiquités. — Prescriptions bibliques. — Pierres votives de la Scandinavie. — Thor et le marteau Miœlner. — La rotation de la hache. — Sentences ecclésiastiques. — Les pierres lumineuses. — Massues druidiques. — Les Einhériers. — Le ceinturon de Chilpéric. — La pierre est-elle antérieure au bronze et au fer ? — Diverses trouvailles. — Les haches des sauvages. — Un nouveau moyen de combattre la nature. — Une absurdité géologique. 53

CHAPITRE V. — LES SÉPULTURES ANTIQUES

Les profanateurs des tombeaux. — Crânes kumbécéphales ou crânes orthocéphales. — L'âge de

Pages

l'univers d'après les sépultures antiques. — Morts de condition différente, usages dissemblables. — Toujours les haches de pierre. — Les enseignements du Christianisme. — Tumuli. — Monuments mégalithiques : dolmen, pierres branlantes, chromlecs etc. — Dédain de nos savants pour les témoignages historiques. — Objets trouvés dans les sépulcres. — Sépultures scandinaviennes. — Célèbres tombeaux de l'antiquité. Ordonnances de Charlemagne. — Tombeau de Childéric ; une inscription gênante. — On demande l'âge de bois et l'âge de verre, — Les nations polythéïstes. — Le respect universel des morts. — La croyance à une autre vie. — Les matérialistes seuls imitateurs des singes . . . 73

CHAPITRE VI. — LE SILEX.

Encore le silex. — Comment on allumait le feu avant l'invention des allumettes chimiques. — Les pierres à fusil. — Les ateliers de silex. — L'ébéniste ingénieux. — Un champ d'exploration place du Trône. — M. de Mortillet et la pierre étonnée. — Un moyen de s'éclairer. — Les armes de silex. — Les anthropoïdes de M. Broca. — Un chasseur dans l'embarras. — Arcs et frondes. — Les archers de Scipion. — La fronde chez les juifs. — Le camp de Sandouville. — Les antiquaires de Normandie. — Encore un oubli des habitants de Falaise. — Les Anglais à Hastings. — De grâce, ne remontons pas trop loin 99

CHAPITRE VII. — AUTRES INDUCTIONS FANTAISISTES

Les rivières qui creusent leur lit. — Le morceau de cruche de sir Horner. — La Somme rivale

Pages

du Mississipi. — Les amateurs de roman. — Quelques bonnes billevesées. — Les caprices du Gulf-Stream. — La mer du Sahara. — L'époque glaciaire — Les troglodytes de la Vézère. — Un moyen de refroidir l'Algérie. — La grotte du Moustier. — Ils reconstituent le déluge ! — Histoire amusante mais peu véridique du Nil. — Réfutation concluante. — L'homme primitif au fond de la mer. — Les tourbières du Danemarck. — Les prairies du Cotentin. 113

CHAPITRE VIII. — LE DÉLUGE

Le déluge, terreur des savants. — Cinquante systèmes et plus. — Une submersion de quatre-vingt mille ans ! — Les élèves de Cyrano de Bergerac. — Le canal de la Manche en 709. — Le déluge d'après Moïse. — Opinion de Louis Figuier. — Les fouilles de Montreuil. — Admirables conjectures de M. Gaudry. — Des bêtes comme on n'en voit plus. — Simple explication. — Preuves d'un bouleversement général du globe. . . . 133

CHAPITRE IX. — ÉPOQUES PRÉHISTORIQUES

Aveuglement des géologues. — Un bon fil conducteur. — Le vrai sens du mot jour de la Bible. — Le souffle divin fécondant le monde. — Une période d'agencement. — Apparition de la vie végétative. — Un cataclysme probable. — La création des astres. — Poissons et oiseaux. — Animaux terrestres. — L'homme, roi de la création. — Opinion de sir Darwin. — Concordance du récit biblique et des recherches géologiques. — Objections faciles à réfuter 149

Pages.

CHAPITRE X. — LES GROTTES SOUTERRAINES

Deux catégories de savants. — Grottes artificielles. — Grottes naturelles. — Les adorateurs d'Adonis. — Les fêtes de Mithras. — Souvenirs plus vénérables. — Encore les troglodytes de la Vézère. — Les anthropoïdes sculpteurs. — Figures allégoriques. — L'Ictus. — Le bouc émissaire. — Le Nohestan. — Le Behemoth. — L'hinnulus cervorum. — L'Agneau pascal. — Signes de ralliement des premiers chrétiens. — Les troglodytes du Nord et de l'Orient. — Saint Jérôme et les dames romaines. 161

CHAPITRE XI. — HABITATIONS LACUSTRES

Découvertes faites dans les lacs de la Suisse. — Des pilotis? Fi donc! — Toujours cent mille ans. — Os de vache ou de primigenius. — Meules d'un nouveau genre. — Etoffes en jonc. — Grain torréfié. — Trouvailles mirobolantes. — une douche de bon sens. — Les pierriers du quatorzième siècle. — Haches de silex ou pierres à fusil? — Granges et refuges des Helvétiens. Deux siècles de luttes. — Les Pœoniens du lac Prasias. — La pêche à la morue avant l'an 1500. — Les côtes du Jutland et de Terre-Neuve. — Les dépôts d'immondices ou djokken-moddings. — Des savants au cœur solide. — Avec un peu d'imagination tout devient vénérable. — Le côté faible de nos illustres docteurs. 175

CHAPITRE XII. — ANTIQUITÉS MODERNES

Les celts de l'âge de bronze. — Une définition mal choisie. — De singulières haches. — Les celts de Normandie. — Bouterolles d'arcs. — La

Pages

transformation de l'armement. — Les Anglais au Mont-Saint-Michel. — Les archers de Caen. — Autres spécimens de celts. — Les garnitures d'arc dans l'antiquité. — Découvertes faites à Herculanum. — L'antiquité du musée Kirchérien. — Surprenant embarras de sir John Lubbock à ce sujet. 189

CHAPITRE XIII. — LA CRANIOSCOPIE

Une science démodée. — Les chercheurs de crânes. Types et races baroques. — Les brachycéphales de Grenelle. — Perspicacité des savants. — Le grand vieillard cromagnon. — Crânes auvergnats et crânes bretons. — Les échantillons céphaliques de la foire au pain d'épice. — Histoire des plaines de Clichy et de Grenelle. — Une contradiction de nos modernes docteurs. — L'infériorité des hommes actuels suivant Wirchow. 201

CHAPITRE XIV. — SCIENCE DES VÉTILLES

Erreur involontaire ou mauvaise foi ? — La tonsure des prêtres. — Le signe de la croix. — Etymologies fantaisistes. — Un aveu naïf. — La perfectibilité progressive. — Qu'importe l'histoire ! — Les divisions arbitraires de la géologie. — Un géologue mystifié. — Les catastrophes ignorées. — Les découvertes futures. — Le chaudron de Bolleville. — L'âge du granit et l'âge du bronze à Bréville. — Les anthropoïdes étaient des fumeurs ! ! ! 211

CHAPITRE XV. — LES TERMITES DU CHRISTIANISME

Buffon. — La question des zodiaques. — La phrénologie. — Le spiritisme. — Ernest Renan. — L'hypnotisme. — Le bon sens français. 233

DEUXIÈME PARTIE

Pages

Exposé préliminaire. 229

Chapitre Ier. — L'histoire

La civilisation dans l'antiquité. — La guerre de Troie. — Le bouclier d'Achille. — Les richesses du tombeau de Priam. — Les grands fondateurs de l'antiquité profane. — La poésie, langue de l'histoire. — Corrélation de l'histoire sacrée et de l'histoire profane. — Prométhée. — Les rois-pasteurs. — Les Pélasges et les Inachides. — Prêtresses célèbres de l'antiquité. — Jacob en Egypte. — Abraham et les rois de son temps. — Richesses immenses du patriarche. — Une concession funéraire il y a quatre mille ans. — Preuves de la civilisation des peuples antiques. — Origine commune de ces peuples. — Personnage emblématique 233

Chapitre II. — Origine des peuples

Qu'était le monde vingt-trois siècles avant notre ère? — Réponse de la nouvelle école : demi-singes et singes complets. — Réponse du paganisme : dieux et demi-dieux. — Jour de Brahma. — Les quatre âges des livres indiens. — Réponse de la Bible : le déluge, la création. — Conformité du bon sens et des traditions de l'histoire avec le récit biblique. 249

Chapitre III. — Décadence du genre humain

Conditions de la vie de l'homme. — Décadence intellectuelle de l'humanité. — Poésie épique. — Poésie lyrique. — Genre dramatique. — Philosophie spéculative. — L'esprit court les rues.

Pages

— Plus de supériorité quelle qu'elle soit! — Les fils des dieux et du soleil. — L'homme est un singe grandi... — Décadence dans les œuvres de l'art. — Chaussées de géants. — Murs cyclopéens. — Un monolythe de douze cents mètres cubes. — Le sphinx de Giseh. — L'Égypte 1725 ans avant notre ère. — Les ruines de Balbeck. — Le temple d'Oukor-Wat. — Le Cambodge. — La civilisation au Nouveau-Monde. — Les pyramides de Chéops. — Les hommes pratiques 255

Chapitre IV. — Suite du précédent. Inventions modernes.

Utilité de certaines inventions modernes. — Les Chinois et la poudre à canon. — Les anciens, précepteurs des modernes. — L'aérostat et Icare. — La téléphonie à Alexandrie. — La sténographie à Rome. — Les paragrêles de Louis le Débonnaire. — Le tunnel du Pausilippe. — La Sologne et le lac de Topolias. — Les puits artésiens de Tyr. — Le canal de Iu-ho. — Les tunnels sous la Tamise, l'Euphrate et le Nil. — Les Pharaons précurseurs du canal de Suez. — Les édifices religieux du moyen âge. — Les églises actuelles ne sont que des copies. — Les futurs émules des Lilliputiens. — La tour de Gatteville et le phare d'Alexandrie. — La colonne de la Bastille et le colosse de Rhodes. — Théâtres. — Aqueducs. — Ponts. — Les sculpteurs de l'antiquité. — Secrets perdus. — Progrès dans les petites choses. — Les portes du palais de Sardanapale. — L'instruction obligatoire sous Charlemagne. — L'extinction de la mendicité au neuvième siècle. — Pépin le Bref et le Jury. —

Pages

Les costumes de nos ancêtres. — Supériorité physique des hommes d'autrefois. — La durée de la vie. 275

CHAPITRE V. — SUITE DU PRÉCÉDENT.
SAUVAGERIE ET BARBARIE

La sauvagerie est un déclin. — Les sauvages de l'Amérique et de l'Océanie. — Leur infériorité intellectuelle. — Vains efforts des Espagnols et des Portugais pour implanter la civilisation en Amérique. — Costumes de gala chez les sauvages. — Des avances inutiles. — Incorrigibles défauts des peuplades sauvages. — Difficultés de l'œuvre des missionnaires. — Un singulier néophyte. — La civilisation ne peut revivre chez les sauvages. — Différence entre le sauvage et le barbare. — Décadence de l'empire romain. — Une nouvelle invasion des barbares. 293

RÉSUMÉ 303

IMP. CH. LÉPICE. 10, RUE DES COTES, MAISONS-LAFFITTE.

EN VENTE A LA MÊME LIBRAIRIE

GEORGE BASTARD

ARMÉE DE CHALONS

I. **Sanglants Combats** II. **Un jour de Bataille** III. **Charges héroïques** IV. **Défense de Bazeilles**	ouvrage complet.

Quatre volumes ornés de dessins, de cartes et de plans

Chaque volume se vend séparément

ENVOI FRANCO AU REÇU DE **3** FR. **50** TIMBRES OU MANDAT

Intérêt de roman, fièvre de patriotisme, il y a de tout cela.

Le Figaro.

Ce livre est bien vu, vivement conduit, il est tout entier empreint d'un sentiment très juste de patriotisme. Le détail est piquant, l'épisode amusant et les incidents fourmillent.

Le Gaulois.

On trouvera à côté de tout ce qui a été écrit sur ce sujet un grand intérêt au récit de cette journée : la précision, la variété des détails et des anecdotes dont l'auteur a su le parsemer.

Le Matin.

Si M. G. Bastard trouve et suscite des imitateurs, l'historien futur n'aura plus qu'à dégager la leçon qui ressort de tant d'incidents minutieusement décrits, sans qu'il risque d'encourir jamais le reproche d'inexactitude. M. G. Bastard est un écrivain doublé d'un apôtre qui s'est épris d'une généreuse affection pour cette malheureuse armée de Châlons tant calomniée.

La République française.

Voilà un livre qui sent la poudre !

L'Illustration.

C'est l'histoire des combats par l'histoire des combattants. C'est très intéressant comme effet et d'un procédé qui n'est pas vulgaire. On conçoit quel intérêt cette forme d'exposition donne au livre et combien cela le rend vivant.

La Revue Bleue.

Rien de plus réconfortant, rien qui vous mette plus de rage au cœur et aussi vous donne plus d'espérance que cette lecture attachante et sombre.

La France.

Depuis plusieurs années un écrivain militaire consciencieux, M. G. Bastard, s'est attaché à retracer la minutieuse histoire de l'armée de Châlons. Il interroge les uns et les autres ; il ne s'en rapporte pas toujours aux pièces officielles ; il n'hésite pas à faire un voyage qui lui permet une conversation avec un survivant de ces combats ; il recueille les souvenirs des paysans ; bref, il se livre à une enquête poussée à fond qui est fort émouvante par la saveur de vérité des détails, par la notion exacte des plus petits épisodes.

Le XIXe Siècle.

Sans phrases, par le simple énoncé des faits, par la rigoureuse exactitude du détail technique, par le minutieux exposé du mouvement des troupes, aussi bien que par le tableau de l'ensemble des opérations militaires, M. G. Bastard a composé une suite d'ouvrages qui, réunis, formeront ce que l'on peut appeler le livre d'or de l'armée francaise en 1870.

La Patrie.

À LA MÊME LIBRAIRIE

BARON A. DU CASSE

SOUVENIRS D'UN AIDE DE CAMP
DU ROI JÉROME

Un volume in-18 jésus : 3 *fr.* 50

C'est sans doute un aimable vieillard que le baron du Casse, mais qu'il a de terribles souvenirs ! Il les conte dans un volume qui mérite par sa verdeur et la franchise du texte de prendre place à coté de ceux de M. de Viel-Castel. C'est plus honnête et ce n'est pas moins drôle.

Paris, 21 octobre 1890.

Ecrit avec verve, ce volume fait revivre avec agrément et sans méchanceté un coin de ce monde impérial où le laisser aller des aventuriers se mêlait si singulièrement avec la morgue des parvenus et l'étiquette obligée des cours.

Revue historique, janvier 1890.

Les lecteurs que n'effaroucheront pas les mots crus du prince Napoléon trouveront en ce livre ample matière à papotages sous le manteau. Tudieu ! il n'est pas bon d'avoir pour aide de camp un chef d'escadron bavard et qui écrit.

Art et Critique, 22 novembre 1890.

Ces souvenirs sont piquants, bourrés d'anecdotes et semés d'indiscrétions où, sans sortir de la réserve qui convient, l'auteur dit assez vertement leur fait à quelques-uns de ceux qu'il a pu voir de près.

Livre, 10 novembre 1890.

Ils sont amusants ces souvenirs. Le baron du Casse a la mémoire plus longue que tendre.

Liberté, 25 octobre 1890.

A LA MÊME LIBRAIRIE

NAPOLÉON BONAPARTE

ŒUVRES LITTÉRAIRES

Publiées par Tancrède MARTEL

4 volumes in-18 jésus. . . . . . 14 *francs*

Le livre de M. Martel est plein d'admiration, d'enthousiasme et de vérité... Il met dans un format maniable le suc même de la correspondance et c'est excellent.

Lettres et Arts, mai-juillet 1888.

Napoléon Ier fut réellement un grand écrivain, historien à la manière de César et Xénophon, portraitiste comme Saint-Simon, orateur comme Périclès, pamphlétaire et satyriste comme Swift, journaliste même aux premières heures de sa vie politique...

Parmi les publications de ce temps, celle-ci marquera certainement comme une des plus curieuses.

Gaulois, 27 juillet 1888.

Bonaparte s'y montre écrivain de génie. Le fragment sur l'histoire de Corse est un des plus beaux mouvements de notre langue, l'expression d'une âme, déjà effrénée, mais encore pure... Aucun de ces textes n'est inédit, mais on ne les avait pas encore tous réunis en un recueil et il n'est certainement pas, dans la génération actuelle, dix personnes qui les aient lus.

Justice, 26 novembre 1887.

BIBLIOTHÈQUE DE SOCIOLOGIE

Volumes in-18 brochés

***

La Triple Alliance de demain, 2e édit. 3 50

***

Les Intérêts catholiques............ 3 50

ALMIRALL

L'Espagne telle qu'elle est.......... 3 50

RAOUL BERGOT

L'Algérie telle qu'elle est, 2e édition. 3 50

FR. BOURNAND

Le Clergé sous la 3e République..... 3 50
Les Sœurs des hôpitaux........... 3 50

AUGUSTE CHIRAC

La Haute Banque et les révolutions.. 3 50
L'Agiotage sous la 3e République, 2 v. 7 »
L'Infamie........................ 3 50
Où est l'argent ?.................. 3 50
Si................................ 3 50

A. CORRE

Nos Créoles, 2e édition........... 3 50

GEORGES DARIEN

Biribi, discipline militaire, 11e mille. 3 50

LÉON DELBOS

Les Deux Rivales (Angleterre et France)............................ 3 50
Pauvre Humanité !.................. 3 50

HENRI DESPORTES

Mystère du sang.................. 3 50
Tué par les Juifs................. 3 50

EDOUARD DRUMONT

La Fin d'un Monde.............. 3 50
Le Secret de Fourmies............ 2 »

BARON DU CASSE

Souvenirs d'un aide-de-camp du roi Jérôme, 2e édition............... 3 50
Les Dessous du Coup d'Etat........ 3 50

FLORIDOR DUMAS

Au Palais........................ 3 50

CHARLES DUVAL

Souvenirs militaires et financiers.... 3 50

L.-M. FLORIDIAN

Les Coulisses du Panama, 4e mille.. 3 50

FLOR O'SQUARR

Coulisses de l'Anarchie........... 3 50

HENRI GARROT

La Banque de l'Algérie............ 3 50

LOUIS GASTINE

Patria........................... 3 50

BARON DE GAUGLER

L'Enfant du Temple.............. 3 50

ERNEST GAY

Dernière Défaite................. 3 50

LUC GERSAL

L'Athènes de la Sprée............ 3 50

JEAN GORSAS

Talleyrand-Mémoires.............. 3 50

EUGÈNE GUÉNIN

La Russie........................ 3 50

URBAIN GUÉRIN

L'Evolution sociale................ 3 50

A. HAMON ET GEORGES BACHOT

L'Agonie d'une Société, 2 édition... 3 50
Ministère et mélinite.............. 3 50
La France sociale et politique (1890) 2 vol.......................... 7 »

A. HAMON

La France sociale et politique, (année 1891) 1 fort volume............. 6 »

LAMOUROUX

Un an d'exil...................... 3 50

JUAN LOMBARD

Un Volontaire de 1792............ 3 50

CHARLES MALATO

Révolution Chrétienne et Révolution Sociale......................... 3 50

MAT GIOI

Tonkin actuel.................... 3 50
Deux années de lutte............. 3 50
Un point d'histoire coloniale........ 3 50

FERNAND MAURICE

La France agricole et agraire....... 3 50

XAVIER MERLINO

L'Italie telle qu'elle est............ 3 50

ERNEST MERSON

Confidences d'un journaliste........ 3 50
Confession d'un journaliste......... 3 50

PIERRE MONFALCONE

Monte-Carlo intime............... 3 50

LOUIS MOROSTI

Les problèmes du paupérisme....... 3 50

FÉLIX NARJOUX

Francesco Crispi, 2e édition........ 3 50
Français et Italiens................ 3 50

EDMOND PICARD

Synthèse de l'antisémitisme......... 3 50

POLITIKOS

Souverains et Cours d'Europe....... 3 50

PAUL PONSALLE

Tombeau des milliards............ 3 50

HONORÉ PONTOIS

Odeurs de Tunis.................. 3 50

LIONEL RADIGUET

Ministère de la Lâcheté extérieure... 3 50

RICARD (Général DE)

Autour des Bonaparte............ 3 50

ROBERT COUTELLE

Le Crédit Foncier de France........ 3 50

ROBANET

Les Complicités du Panama........ 3 50

ALBERT SAVINE

Mes Procès...................... 3 50

TIKHOMIROFF

La Russie politique et sociale....... 3 50
Conspirateurs et Policiers.......... 3 50

Paris — Imp. M. MARGERET, 123, rue Montmartre

www.ingramcontent.com/pod-product-compliance
Ingram Content Group UK Ltd.
Pitfield, Milton Keynes, MK11 3LW, UK
UKHW020104200726
13856UKWH00002B/377